航天工程大学"双重"建设项目

太空安全学

冯书兴　王勇平　主编

北京航空航天大学出版社

内 容 简 介

本书从维护国家安全的高度出发,以维护太空安全为目的,研究了太空安全的内涵、特点与规律、影响与危害的因素、实现太空安全的方法与途径,明确了国家安全与太空安全的关系,重点阐述了太空安全战略、太空安全体系、太空安全管理、太空安全环境、太空安全保障、太空军事安全、太空活动安全、太空资产安全、太空资源安全、太空科技产业安全和太空交通安全等十三章内容,旨在建立太空安全学的基本理论体系框架,为增强国家太空安全战略博弈能力提供理论与实践参考。

本书可作为太空安全学科研究生教材,也可作为国家安全、军事战略等相关学科研究生的辅助教材,可供从事太空安全战略制定、理论研究和体系与工程建设人员参考使用。

图书在版编目(CIP)数据

太空安全学 / 冯书兴,王勇平主编.-- 北京 : 北京航空航天大学出版社,2024.1

ISBN 978 - 7 - 5124 - 4297 - 9

Ⅰ. ①太… Ⅱ. ①冯… ②王… Ⅲ. ①外太空-安全管理 Ⅳ. ①V11

中国国家版本馆 CIP 数据核字(2024)第 027374 号

版权所有,侵权必究。

太空安全学

冯书兴 王勇平 主编
策划编辑 董宜斌 责任编辑 王 瑛 刘桂艳

*

北京航空航天大学出版社出版发行

北京市海淀区学院路 37 号(邮编 100191) http://www.buaapress.com.cn
发行部电话:(010)82317024 传真:(010)82328026
读者信箱:copyrights@buaacm.com.cn 邮购电话:(010)82316936
北京一鑫印务有限责任公司印装 各地书店经销

*

开本:710×1 000 1/16 印张:15.75 字数:250 千字
2024 年 4 月第 1 版 2024 年 4 月第 1 次印刷
ISBN 978 - 7 - 5124 - 4297 - 9 定价:99.00 元

前　言

　　太空领域已经成为大国博弈的新焦点、国家安全的新高地,太空安全日益引起诸多国家高度重视,成为国家安全不可或缺的重要组成部分。我国迫切需要科学判断太空安全形势,准确把握太空安全发展趋势,加强太空安全治理研究,积极谋划应对太空安全威胁和挑战,筑牢国家太空安全高边疆。

　　习近平总书记提出"总体国家安全观",强调必须准确把握国家安全形势变化新特点、新趋势,既重视传统安全,又重视非传统安全。《国家安全法》提出将国家安全教育纳入国民教育体系。教育部《关于加强大中小学国家安全教育的实施意见》明确提出,推动国家安全学科建设,设立国家安全学一级学科。维护国家安全,迫切需要大批具有全球视野、全局观念、战略思维、政治意识、能力担当的国家安全人才。

　　为适应世界太空安全形势变化需要,促进国家安全学学科发展,拓展太空新型安全领域理论研究,创建太空安全学科,填补太空安全领域人才培养教材空白,航天系统部统一安排,航天工程大学研究编写了《太空安全学》教材。

　　课题组坚持以总体国家安全观为指导,以维护国家太空安全为目的,着眼世界太空安全形势任务,以及我国太空安全面临的现实问题,对太空安全理论展开系统深入的研究。全书从国家利益、国家安全视角,研究太空安全问题,共有十三章,其中第一章和第二章为概述部分,分别阐述太空安全学的研究对象、任务、研究方法和学科属性,以及国家安全和太空安全的基本概念、内容和特点等;第三章至第七章为太空安全体系构成部分,分别阐述太空安全战略、太空安全体系、太空安全管理、太空安全环境和太空安全保障等内容;第八章至第十三章为太空安全具体要素部分,分别对太空军事安全、太空活动安全、太空资产安全、太空资源安全、太空科技产业安全、太空交通安全等重大安全问题进行了阐述。本书为太空安全理论研究与实践活动提供理论支撑,可作为太空安全学科研究生教材,也可作为国家安全、军事战略等相关学科研究生的辅助教材,可供从事太空安全战略制定、理论研究和体系与工程建设人员参考使用。

作者在编写本书的过程中得到了军队"双重"学科建设和战略支援部队配套新型学科建设的支持,吸纳了国家和军队有关研究课题的部分成果,参考了《国家安全学》《国家安全管理学》等专著、教材和研究报告;得到了航天系统部机关的指导帮助,还得到了航天工程大学首长、教务处、研究生院的大力支持。军事科学院、国防大学、空军指挥学院、海军工程研究所、空间技术研究院、国际关系学院和航天系统部的有关专家审阅了书稿,并提出了许多宝贵意见。在此,向为本书付出心血的各位领导、专家致以诚挚的谢意!

太空安全学具有多学科交叉性质,太空安全涉及诸多新问题,研究编写难度大,学科建设处于论证创设阶段,需要不断研究完善,恳请专家、学者提出意见和建议。

编　者
2023 年 10 月

英文缩略语

Al_2O_3	三氧化二铝
AGI	图形分析公司(美国)
Amazon	亚马逊公司(美国)
AMOS	外空军事利用国际法适用手册
ASC	空天公司(美国)
CBSA	预算与战略评估中心
CIA	中央情报局(美国)
COPUOS	联合国和平利用外层空间委员会
CSIS	战略与国际研究中心(美国)
DARPA	国防部高级研究计划局(美国)
DOB	商务部(美国)
DOT	交通部(美国)
DSI	深空工业公司(美国)
DSP	国防支援计划卫星(美国)
ECSDS	艾森豪威尔太空与安全防务中心
ESA	欧洲太空局
ESPI	欧洲太空政策研究所
FAA	美国联邦航空局
FCC	美国联邦通信委员会

FOBS	部分轨道轰炸系统
GEO	地球静止轨道
GHz	吉兆（又称千兆赫兹）
GPS	全球定位系统（美国）
GSO	地球同步轨道
GSSAP	地球同步轨道态势感知计划（美国）
HEO	高地球轨道
Hz	赫兹
IADC	机构间太空碎片协调委员会
IAU	国际天文学联合会
ICO 或 MEO	中地球轨道
ICOC	外空活动行为准则
IDSO	国防太空机构（美国）
ISRO	印度太空研究机构
ITU	国际电信联盟
IOActive	网络安全公司（美国）
JAXA	日本宇宙航空研究开发机构
JSpOC	联合太空行动中心（美国）
kHz	千赫
Kratos D&SS	克拉多斯国防与安全方案公司（美国）
LeLabsInc	低轨实验公司（美国）
LEO	近地球轨道
LEOLABS	低轨道实验室公司（美国）

LORS	月球矿石储量标准
LTS	太空活动长期可持续性
MDB	网格双防护屏防护
MHz	兆赫
MIFR	国际频率登记总表
MILAMOS	国际法适用手册
MOD	下载大师
MSS	多层冲击防护方案
NASA	航空航天局（美国）
NFP	承诺不首先在外空部署武器
NRO	国家侦察局（美国）
NSA	国家安全局（美国）
NSSI	国家太空安全研究院
OneWeb	卫星通信公司（英国）
PPWT	防止在外空放置武器、对外空物体使用或威胁使用武力条约
Ryugu	龙宫（小行星）
SDA	太空数据协会（美国）
SF	太空基金会（美国）
SpaceX	太空探索技术公司（美国）
SPI	华盛顿大学太空政策研究所（美国）
SSA	太空态势感知
SSO	太阳同步轨道

STK	卫星仿真工具软件
SWF	安全世界基金会（美国）
TCBM	透明与建立信任措施
Telesat	电信卫星公司（加拿大）
VES	视觉工程方案公司
WARC	世界无线电通信行政大会
WRC	世界无线电通信大会
ZrB_2	二硼化锆
ZrC	碳化锆

目　　录

第一章　绪　论

随着国家利益和国家安全的延伸拓展,太空领域日趋成为大国利益博弈的新焦点、国家安全的新高地。太空安全学正是以维护国家利益为着眼点,以太空安全特有本质为研究对象,研究太空安全内涵,揭示太空安全的特点和规律,阐释影响与危害太空安全的因素,论述实现太空安全的方法和途径等,旨在服务于国家太空战略和国家安全战略。

第一节　太空安全学的研究对象

毛泽东说:"科学研究的区分,就是根据科学对象所具有的特殊的矛盾性。因此,对于某一现象的领域所特有的某一种矛盾的研究,就构成某一门科学的对象。"太空安全学就是针对太空安全领域的矛盾问题展开研究,探索和揭示太空安全诸方面、诸要素的变化及其相互联系的本质,为国家安全、太空安全做出价值判断,为探寻合理的太空安全战略提供支撑等,满足国家太空利益需要。

一、太空安全的本质

从反映事物本质的矛盾运动要素看,反映太空安全的本质主要有"主体、客体、目的、途径"四个要素,以四个主要要素分析太空安全的本质,能够较为全面、客观、准确地理解太空安全的特点与规律。

(一) 从主体要素分析

从主体的角度研究太空安全的本质,旨在反映太空安全是国家安全的重要组成部分。从社会构成看,实践主体包括个体主体、群体主体、人类主体三种基本形态。就太空安全而言,维护太空安全的任何单位和个人,都是国家维度下的主体。

(二) 从客体要素分析

客体是主体作用的对象,主要包括天然客体和人工客体、自然客体和社会客体、物质客体和精神客体,也可以分为宏观客体和微观客体。太空安全学强调的客体既有宏观的世界太空安全和国家太空安全,又有微观的太空安全具体要素和事件;既有影响太空安全的主要因素,又有太空安全体系建设和客观规律等。从客体的角度研究太空安全的本质,旨在反映太空安全与利益不受威胁的状态和国家利益具有不受侵害的能力。

(三)从目的要素分析

从目的角度研究太空安全的本质,旨在反映国家太空利益得到有效维护。无论是维护太空安全的个体主体,还是维护太空安全的群体主体,在实践中都必须以"维护国家太空安全和利益作为太空安全学研究的根本目的"为根本着眼点,准确把握实现太空安全的特点,紧贴形势任务要求,全面加强太空安全建设,确保国家高边疆安全。

(四)从途径要素分析

途径,既指应努力寻找的方法,又指建设发展的路子。从途径角度研究太空安全的本质,旨在反映通过完善方法手段、建立健全有效机制、构建科学完备的体系确保太空安全。

维护太空安全无论是研究探讨,还是进行实践,既要注重加强政府、军队、社会等太空安全组织机构等"硬件"建设,又要注重制定有关法律、政策、战略、规定等"软件"建设;既要积极地促进太空领域的广泛合作,又要有针对性地发展国家太空领域安全能力;既要积极学习借鉴他人在太空安全方面的理论成果和经验做法,又要根据太空领域日益复杂的形势,针对太空战略、太空政策、太空科技、太空投资、太空产业、太空军事、太空资源、太空管理等方面,搞好太空安全体系构建。

二、 影响太空安全的主要因素

影响太空安全的因素很多,具体可分为有利因素和不利因素,不利因素达到一定程度,就成为危害太空安全的因素。当然,影响太空安全的因素来自多个方面,由于人类认识能力的限制,一些因素目前无法确定。从总体上说,影响太空安全的因素主要包括自然影响因素和人为影响因素两大类。

（一）自然影响因素

自然影响因素是自然界存在的、对太空安全产生影响的因素。根据空间分布，自然影响因素可以分为太空自然影响因素和地表自然影响因素。一是太空自然影响因素。主要包括地球或天体引力场，各类宇宙射线、尘埃、陨石、太阳辐射，地球电离层及其扰动、地球磁场及其扰动，各类太空天体、太空碎片等。其中，天体引力场决定了太空系统运行和太空活动的基本特点、规律；太阳辐射既为太空系统运行提供能源，也给太空系统安全带来危害；太空天体资源刺激了太空开发需求，也带来了太空利用的竞争和冲突；小行星等其他天体也存在撞击地球的潜在安全风险；太空碎片直接威胁到在轨航天器运行，但也为太空经济带来了商机。其他因素也从不同方面对太空系统安全产生了一定的影响。二是地表自然影响因素（地面、空中、海洋）。主要包括大气环境因素、发射场及地面设施的地理环境因素。地球大气及其扰动对卫星等航天器安全进出太空具有重要影响；发射场地理位置及其自然环境直接影响了火箭运输、航天发射能力及发射安全等；其他航天地面设施的自然环境对于航天设施自身安全均有一定的影响。

（二）人为影响因素

人为影响因素主要包括国家安全环境、国际太空战略环境、科技发展和应用水平等。人为影响因素虽然是可控的，但因受到意识形态、政治制度、军事战略等制约，也是最难控制的。这里，着重强调科学技术及其发展应用。科学技术及其发展应用将会带来太空技术、太空能力的大发展，特别是一些颠覆性技术在太空的应用，甚至可能改变国家太空安全的某些理念，产生颠覆性影响，对太空安全的影响具有"两面性"。一方面，科学技术发展及其在太空领域的应用能够促进太空技术、太空能力和太空安全能力的提升；另一方面，新的科学技术也可能刺激或扰动太空稳定发展，改变原有的太空秩序，引发新的太空安全问题。航天科学技术是太空军事、太空武器发展的基础，从而可能引发太空军事化、武器化。

三、　太空安全保障体系

太空安全保障体系是由那些以保障和强化太空安全、提高太空安全度为客观目的的各种思想、观念、制度、规章、法律、组织、机构、措施、活动等构成的社会体系。从大的方面看,太空安全保障体系可以分为保障活动与保障机制两个主要方面。太空保障活动是国家为达到太空安全目的而实施的政治、军事、科技、经济、外交、社会等活动,既包括太空领域的活动,也包括其他领域涉及太空的保障活动。不同的太空保障活动具有不同的实现方法和途径,需要有针对性地开展太空保障方法和途径研究,特别是借鉴国内外国家安全理论,结合太空领域日益复杂的形势,创新性地寻求维护太空安全的保障方法和途径。太空保障机制是国家在不同阶段,从维护太空安全角度出发,依托政府、军队、社会等太空安全组织机构、力量,在制定有关法律、政策、战略、规定等的基础上,确保太空组织机构、力量有效履行职责而确定的相互关系、制定的规章制度和运用方式等。

第二节　太空安全学的任务

任何一门学科都不仅有学科的通用性,也有自身特殊的研究对象和研究范畴。太空安全学亦是如此,其任务由其学科属性和特点决定,主要包括研究构建国家太空安全理论体系,服务提升国家太空安全能力,为国家太空安全提供人力和智力支撑。

一、 研究构建国家太空安全理论体系

以国家利益研究为起点,通过对国家安全与太空安全关系的研究,分析太空安全起源、概念和特点,提出太空安全的主要内容,为系统开展太空安全学奠定基础。2014 年,习近平同志提出了"总体国家安全观",强调必须准确把握国家安全形势变化新特点、新趋势,贯彻国家总体安全观,既重视外部安全,又重视内部安全;既重视传统安全,又重视非传统安全;既重视发展问题,又重视安全问题;既重视自身安全,又重视共同安全;坚持一切为了人民、一切依靠人民,构建集政治安全、军事安全、经济安全、科技安全等于一体的国家安全体系。目前,国家安全的基本内容大致包括政治安全、国土安全、军事安全、经济安全、文化安全、社会安全、科技安全、网络安全、生态安全、资源安全、核安全、海外利益安全、生物安全、太

空安全、极地安全、深海安全等方面(如图 1-1 所示)。随着人们对国家安全的认识不断变化,国家安全的内容必然会随之充实完善。

　　研究太空安全学,首先是客观描述太空安全事实,建立太空安全基本概念。太空安全学研究的首要任务是在实践层次上归纳分析太空安全及其相关对象的客观状态与关系,客观描述太空安全事实。这一任务在时间维度上包括两个方面,一是对太空安全的历史发展做出客观描述,二是对太空安全的现实状态做出客观描述。太空安全学是从国家安全学延伸出的新的学科,国家安全相关政策和学科理论能够为太空安全学研究提供一定的支撑。但是太空领域是不断发展的新领域,人们对太空领域的认识处于起步阶段,因而对许多问题的研究需要从搜集材料、整理材料开始,进而透过这些材料观察、认识古今中外的太空安全现象,从中分析归纳太空安全事实及其关系,对太空安全事实和现象做出一种在宏观上尽可能全面、微观上尽可能精细的客观描述,从而明晰太空安全基本概念的内涵、外延、发展变化,为太空安全理论研究奠定坚实的基石。

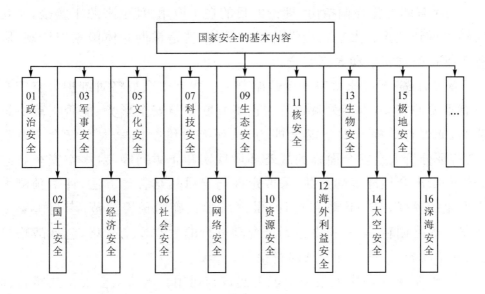

图 1-1　国家安全的基本内容

　　其次,揭示太空安全基本特点规律、构建太空安全理论体系。太空安全不仅是一个包括多方面内容的复杂的社会大系统,而且还是一个开放的社会大系统。太空安全既包括多种自然要素,也包括多种社会和人为要素,各种构成要素或系统相互影响并产生耦合作用,同时还涉及其他更大的社会系统和更多的社会要素及自然因素,并受到外部因素的影响。太空安全学就是要在总结人类太空活动、太空安全实践的基础上,不断进行理性探索研究,深入揭示太空安全及其相关对象的内容特点和本质规律,着眼国家太空安全战略需求,开展太空安全战略、太空战略评估、太空科技产业发展等事关全局性、长远性的重大理论和现实问题研究,逐步建立起太空安全的理论体系框架和主要内容。

二、 服务提升国家太空安全能力

维护国家利益是太空安全的根本出发点,国家安全、太空安全必须服从于国家生存发展的基本需要,以及由此衍生出来的国家利益需要。国家安全是国家的重大战略利益,其内涵和外延一直处于发展变化之中,在当代,其发展变化的速度进一步加快,内容和形式也越来越丰富。国家安全内容的拓展是国家发展的需要,太空安全就是国家利益和国家安全内容不断拓展的体现。

毛泽东同志曾强调指出,理论的目的在于应用,理论来源于实践,又在实践中得到检验。太空安全学的根本目的,就是贯彻总体国家安全观,服务于维护国家安全和太空安全。

首先,服务于国家太空安全战略制定。太空安全战略对维护太空安全具有重要的意义,直接关系到能否正确判断太空安全形势、能否正确决策应对,能否有效提升太空安全能力,从而有效维护国家太空安全。要系统、辩证分析太空安全面临的战略环境现实和矛盾问题,对太空安全状态和形势做出合理准确的判断;采取定性与定量相结合等方法,评估预测太空安全的发展方向、趋势和进程,做出科学正确的预警防范,牵引国家太空安全战略创新,影响和服务制定合理可行的太空安全战略,包括战略目标、战略内容、战略方针和战略举措等。

其次,服务于国家太空安全能力建设与运用。国家太空安全战略目标能否顺利实现,取决于是否具有健全完善的国家太空安全体系,是否具有维护国家太空安全的能力。实施有效的太空安全战略管理,加强太空安全综合能力建设,建立太空安全组织领导体系、科技产业体系和保障体系,推动航天军民融合发展,破解国家太空安全重难点问题,发挥国家队、正规军的作用,保护国家太空战略资产,确保太空活动安全,提高太空安全体系和保障能力,提高太空危机管控和综合治理效能,提高太空安全能力建设与运用的科学化、法制化、规范化水平,形成捍卫国家高边疆的太空能力,达成实现维护太空安全的目的,正是太空安全学研究的现实意义所在。

三、 为国家太空安全提供人力和智力支撑

事业因人才而兴,人才因事业而聚。实现中华民族伟大复兴的中国梦需要提供坚实的国家安全保障,加强国家安全学理论体系建设,设立国家安全学学科,开展国家安全专业人才培养。太空是国家安全必须重点关注的重要领域和新型领域,在国家战略中的地位日趋上升,太空安全与国家安全各领域息息相关,对国家安全至关重要,实现强国梦、强军梦、航天梦,迫切需要大批太空安全人才。

面向新时代、新体制,培养高素质太空安全人才是太空安全学科的重要使命和任务。要建设太空安全学,建强师资队伍和教学科研支撑平台,构建完善的国家太空安全学科专业体系和教育体系,夯实国家太空安全人才基础。要创新太空安全人才培养模式和机制,突出“技术＋政治”特点,培养忠诚担当、履职尽责的高素质国家太空安全人才。要造就太空安全战略人才,服务于国家安全战略需求,增强维护国家安全的责任感和能力,从国家太空安全战略层面统筹国家太空力量建设,为军事斗争准备和国家太空安全提供有效的人力和智力支撑;助力全民太空安全教育,了解国家太空安全基本常识和基础知识,激发航天情感和爱国情怀,增强国家太空安全意识。

明确太空安全学的任务,就基本决定了太空安全学的研究内容:包括太空安全学的基本概念与问题、太空安全的客观状态与本质规律、太空安全的构成要素和影响因素。在层次架构上大致分为两个层面(如图 1-2 所示),一个是太空安全体系构成层面的内容,包括太空安全管理、太空安全战略、太空安全体系、太空安全保障、太空安全环境等;另一个是太空安全具体要素层面的内容,包括太空资产安全、太空资源安全、太空活动安全、太空科技产业安全、太空交通安全等。这些内容相互联系、相互影响、不断变化。当然,可以从不同角度对太空安全进行分析和分类,而且随着技术的发展与人们认知的升华,会产生对太空安全内容

的不同解释,或者增减太空安全学的一些内容,这也充分说明了太空安全研究的创新发展性和系统复杂性。

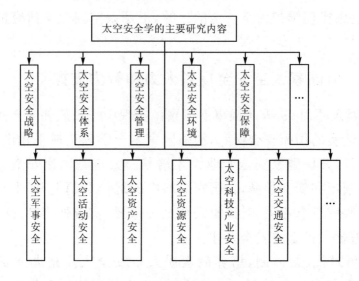

图 1-2　太空安全学的主要内容

第三节　太空安全学的学科属性

随着航天技术的迅猛发展,出现了诸多有关太空安全的新问题。太空安全研究早已存在于许多军事、政治、航天理论之中,特别是在军事航天理论、国际政治理论中。太空安全问题是航天领域的一个重要内容,与航天技术和装备及其应用有着密切的联系,早已受到广泛关注,迫切需要把太空安全及其相关问题作为独立研究对象,创建太空安全学。

一、　太空安全学是一门新兴学科

国家安全学是研究国家生存与发展的根本性全局性安全问题及其影响因素、揭示有关特点和规律、维护国家安全的学科,重点研究国家安全思想与理论、国家安全战略、国家安全治理、国家安全技术以及国家安全的具体领域问题。2015 年,国家安全学被列为一级学科(如图 1-3 所示)。2020 年,在现有学科体系中设立交叉学科门类,国家安全学、智能科学与技术等学科归入交叉学科门类。对国家安全学所属门类问题尚有不同的观点:有的学者认为应归入交叉学科门类,有的认为可归入法学门类,有的则认为可归入管理学门类,等等。

国家安全学一级学科的设立,为太空安全学科的创立奠定了基础。从学科角度讲,太空安全学是一门新兴学科,是国家安全学的一个重要领域和组成部分;同时,太空安全学有其自身特定的研究对象、研究方向、理论范畴与系统的知识体系。

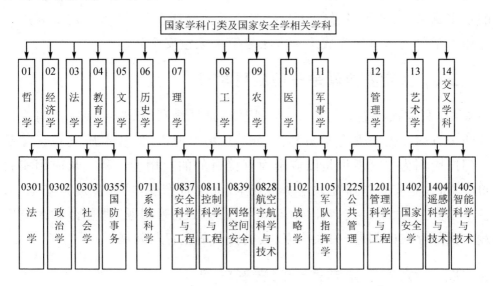

图 1 - 3 国家安全学的学科属性

二、 太空安全学是一门交叉学科

新兴学科的出现必然与其发展密不可分。一是因某一新的技术或者新兴领域快速发展而形成的新兴学科,如人工智能学科;二是在两门学科的边缘地带生成并由该两门学科理论交叉渗透而形成的边缘交叉学科,如生物化学、地缘政治学、军事社会学等;三是研究对象涉及众多领域且具有广泛普遍性的横断学科,如系统科学、信息科学等;四是利用多门学科成果解决某一或某些复杂问题而形成的综合学科,如环境科学、领导科学等。

学科交叉融合是当前科学技术发展的重大特征。随着科学技术、社会经济、军事等的不断发展,一些相对独立的学科不断深化和拓展,其研究方向与应用相互交叉和渗透,融合形成新的交叉学科。国家安全学就是由安全学与相关领域融合形成的交叉学科。

太空安全学是国家安全学的一个重要领域,主要由航天领域和安全领域相关学科理论交叉渗透而形成,需要利用诸多学科研究成果和方法解决太空安全及其相关问题,涉及军事学、地缘政治学、国家安全学、数学、物理学、信息科学、天文学、环境科学和人工智能等学科领域。这是由太空安全学的研究对象、基本内容所决定的。目前,太空安全涉及社会生活的众多领域,与各种各样的社会存在甚至自然存在相关,因而需要利用这些相关学科的已有研究成果和方法来解决太空安全问题。

三、 太空安全学是一门应用学科

从学科层次上看,无论是自然科学还是社会科学,都有理论性与应用性两个方面。太空安全学虽然涉及许多基本理论,但从本质上看它却是一门以应用为主或者说是以应用为直接目的的应用型学科。从应用实践角度看,太空安全学研究太空军事安全、太空资产安全、太空资源安全、太空活动安全、太空科技产业安全、太空交通安全等问题,都是针对太空实践中实际存在的问题,关系国家、人类社会的生存与发展。

四、 太空安全学是一门发展学科

虽然其他学科也都有发展性,但太空安全学具有更强的发展动力。这体现在太空安全学是一门新型交叉学科,其研究领域和范围具有很强的发展性,其他相关学科的发展会积极促进太空安全学科的发展。另外,人类在太空领域的探索由地球空间向月球空间、深空空间逐步拓展,既涉及现有科学技术问题,也涉及未来科学技术发展等问题。太空安全学的研究范围不断扩大,研究对象逐渐增多,特别是对一些太空安全的概念问题仍在不断探索中。以研究太空资产安全问题为例:什么是太空资产?太空资产的主权如何确定?如何维护太空资产安全问题?这些都需要不断研究探索。由于类似问题的存在,太空安全学的研究内容和边界自然也是处于不断扩展变化中。

第四节　太空安全学的研究方法

科学的研究方法是理论思维、理论研究的钥匙。太空安全学兼具理论性与实践性,既需要运用哲学与逻辑方法,探求太空安全的本质与规律,也需要运用综合归纳与仿真推演方法,系统、全面、具体地研究太空安全现状与发展。

一、 哲学指导方法

哲学是具体科学知识的概括总结,反过来对具体科学研究具有指导意义。其基本理论和观点能够转化为普遍的思维方法而在具体科学研究中被加以运用。马克思辩证唯物主义强调客观性原则、实践思维方式、运动发展及普遍联系的观点等,对于认识复杂多变的太空安全现实具有直接的指导作用和方法论意义。太空安全现象在现实世界中的复杂性、多变性、内外关联性,要求太空安全学研究必须自觉地从太空安全客观现实出发,以变化发展和普遍联系的观点来认识问题、分析问题和解决问题。如果不能自觉地运用唯物辩证法的联系观点和发展观点认识复杂的太空安全现实,就非常容易犯片面性错误。自觉地把马克思历史唯物主义强调的社会存在决定意识的原理、群众观点等,作为普遍研究方法用于太空安全学研究,对于认清太空安全现实中的众多要素之间的关系,特别是其中的太空军事安全、太空活动安全、太空资产安全、太空资源安全、太空科技产业安全、太空环境安全、太空交通安全等之间的关系,以及影响和保障太空安全的物质因素与文化因素之间的不同关系等,具有重要的方法论意义。

二、 逻辑分析方法

任何科学研究都离不开逻辑。没有逻辑方法就没有科学理论。逻辑方法既可用于实际的科学研究,例如研究国家安全、太空安全理论,也可用于科学理论的表述与构建,例如构建太空安全学体系。在太空安全学研究中,首先有一系列的概念需要定义和明确,这就需要运用逻辑方法中的各种明确概念的方法,特别是对概念进行定义和划分的方法。例如,"太空安全""太空活动安全""太空资源安全"等概念都是太空安全学中的基本概念,如果缺乏逻辑思维能力,没有掌握足够的逻辑方法,就无法对这样一些概念给出科学的定义,甚至可能混淆概念,并由此带来以此为基础的其他理论方法的逻辑混乱。再如,国家利益与国家安全具有很强的逻辑关系,国家安全是最基本的国家利益,不从国家利益出发,就不能认清国家安全的本质、规律。国家安全包含太空安全,不从国家安全视角研究太空安全,就难以准确界定太空安全的基本内涵。

三、 综合归纳方法

对于不同的学科,在学科发展的不同阶段,研究方法也有其特殊性。作为一门新兴的特殊的交叉性学科,太空安全学目前还处于起始阶段,既要研究过去在太空安全上出现的各种问题,也要研究当前太空安全的新兴问题;既要研究中国的太空安全问题,也要研究其他国家的太空安全问题。需要运用一些搜集和研究材料的基本方法,其中的一种重要方法可以概括为"古今中外综合归纳法",也就是要搜集古今中外有关太空安全的各种事实材料和理论观点,对复杂的太空安全事实进行综合归纳,在理论形态上形成比较完整的太空安全全景图,进而从中探索具有普遍性的本质性的东西和规律性的东西,形成一些具有普遍性的理论原则和观点。

四、 调查研究方法

党和国家领导人十分重视运用调查研究方法分析研究问题。毛泽东指出:"如果要直接地认识某种或某些事物,便只有亲身参加于变革现实、变革某种或某些事物的实践的斗争中,才能触到那种或那些事物的现象,也只有在亲身参加变革现实性的实践的斗争中,才能暴露那种或那些事物的本质而理解它们。"调查研究是一个深入实践,不断加深对客观实际的了解的过程,是一个用新的认识丰富已有的认识,并随之做出合乎实际的正确理论创新的过程。当前,太空安全形势日益复杂,各种矛盾相互交织,新情况、新问题不断涌现,必须把调查研究作为太空安全学的重要方法。只有深入航天活动实践、深入航天社会应用,摸准太空安全中带有普遍性、倾向性的问题,弄清困扰太空安全的重点、难点问题的表现及其原因,在获得真实材料的基础之上,把理论转化建立在对实际的透彻了解和对客观规律的准确把握之上,才能确保在太空安全理论探索和创新上有所发展。

五、 仿真推演方法

太空安全的态势与发展走向等,具有战略性、系统性、复杂性和发展性等特点,研究过程中既需要定性的逻辑分析,也需要定量的仿真分析。系统仿真的基本方法是建立系统的结构模型和量化模型,然后进行仿真实验,主要有连续系统仿真方法和离散系统仿真方法。

研究太空安全体系等具体问题,可以采用仿真推演方法,运用仿真模型和技术,进行太空安全体系建模,通过模型和仿真提出优化方案。另外,对太空安全技术与装备进行验证实验,对太空安全系统和体系进行推演实验,从而对太空安全的发展状态进行定量评估,对发展趋势进行准确预测。

第二章 国家安全与太空安全

随着人类社会的发展，国家利益与安全空间逐步从陆地、海上、空中拓展到太空，太空安全在国家安全中的地位日益突出，已处于国家安全战略高地。本章从研究国家安全基本概念入手，探讨太空安全的起源、概念和特点及太空安全与国家安全的关系。

第一节 国家安全

国家安全是最基本的国家利益，太空安全是国家安全的重要组成部分，因此必须以国家利益研究为逻辑起点，在对国家利益进行研究的基础之上，探讨国家安全的概念和基本内容，进而研究太空安全问题。

一、国家利益的概念

国家利益是丰富多样的，是复合概念。国家是利益主体，而利益是由国家有利需要派生出来的实体和过程。按照辩证唯物主义客观性原则、实践性方式、运动发展及普遍联系的观点，利益源于需要，没有需要就没有利益。需要是一个源于生命体的概念，对于生命体来说，要生存，就必须有所欲，内有所欲，则外有所求，内欲外求的统一就是需要。但是需要并不等于利益，需要根植于内，而利益则表现于外，只有满足和能够满足主体有利需要的事物才是利益。目前，国内外学术界对国家利益概念存在着各种各样不同的定义，主要有以下三种。

（一）根据"国家"一词的表达来界定

国家在世界各个民族的历史上有着各种不同的表现形式，如在中国，有远古夏、商、周天下式的国家形式，春秋战国时期诸侯国的国家形式，先秦以后的大一统封建专制的国家形式；在欧洲则有古希腊的城邦国家、古罗马的国家，中世纪后期的割据王国，近代以后形成的民族国家等；在古埃及、波斯等地，也都有自己独特的国家形式。而这些不同形式的国家，并不是一个 state 或一个 nation 就能够完全概括的,倒是汉语中的"国家"一词,能够把这些不同形式的国家统一在一个概念之中。现代汉语中的国家,既不完全等同于 state,也不完全等同于 nation,而是以 nation 为主并综合了包括 state 在内的各种具体国家形式的汉语言文化系统的国家概念。现在所讲的国家利益指的是 15 世纪以后出现的民族国家的国家利益,主要存在三种定义方式,即从国内政治角度定义国家利益、从国际政治角度定义国家利益,以及从两者结合的角度定义国家利益。

一是从国内政治角度定义国家利益。1954 年毛泽东在中共中央政治局扩大会议上指出:"我们对农民的政策不是苏联的那种政策,而是兼顾国家和农民的利益。"毛泽东这里所提到的"国家利益"就是国内政治范畴的国家利益。中国学者薄贵利认为:"从最一般、最抽象的意义来说,所谓国家利益,就是一个国家政治统治需要的满足。"冯特君在《国际政治概论》中写道:"国家利益是指一个国家内有利于其绝大多数居民的共同生存与进一步发展的诸因素的综合。"张继良在《国际关系概论》中指出:"凡是满足国家生存和发展需要的便是国家利益。"洪兵认为:"国家利益是国家需求认定的各种客观对象的总和。"外国学者伊沃、杜查希克认为国家利益具备 5 个要素:① 国家实体的生存,主要指国民和国土的存在;② 基本价值的存在,如民主、自由、独立、平等;③ 基本政治制度的维持;④ 经济的发展;⑤ 领土和主权完整。亚历山大・乔治和罗伯特、凯奥汉尼认为国家利益由 3 个方面组成:① 实际的生存——意味着人们的生存,而不一定要保存领土和主权完整;② 自由——意味着一国的公民能够自主地选择他们的政体,并能行使有法律规定和国家保护的一系列个人权利;③ 经济生存——意味着最大限度的经济繁荣。

这些中外学者对国家利益的阐述有着共同点,即首先保证领土完整、主权独立、国民的生存和发展得到保障;其次是合理的政治制度与保证国家繁荣和国民进一步发展的经济制度;最后是独立的意识形态、共同的价值观、独有的历史传统和风俗习惯等。

二是从国际政治角度定义国家利益。王逸舟认为:"国家利益是指民族国家追求的主要好处、权利或受益点,反映这个国家全体国民及各种利益集团的需求与兴趣。"邓小平曾提道:"考虑到国与国之间的关系主要应该从国家自身的战略利益出发,不去计较历史的恩怨,不去计较社会制度和意识形态的差别。"约瑟夫·奈认为:"在民主国家,国家利益只不过是有关同世界上其他国家之关系的一系列共同优先考虑。"

由此可见,学术界从国际政治意义上定义的国家利益具有以下特点:首先,在保障国家主权和安全的前提下,在对外战略中最大限度地争取有利于本国的利益和权利,并且也承担国际社会中相应的责任和义务。其次,民族国家是国际社会的组成部分,各国在维护自身国家利益的基础上,也要维护全世界的共同利益;在实现本国利益的同时不可随意侵犯别国利益。正如美国学者约翰·斯图尔特·穆勒所说:"国家间的利益是互相联系的,一个国家是不可能在牺牲其他国家利益的情况下获得本国利益的。"

三是对内对外两种角度相结合定义国家利益。周恩来在1949年曾指出:"在没有发生战争和破坏的时候,对内对外都要进行保卫国家利益的工作,对内就不说了,对外而言,外交就成了第一线工作。"阎学通认为:"国家利益是一切满足民族国家全体人民物质与精神需要的东西。"物质的需要指国家的"安全与发展",精神需要指"国际社会的尊重与承认"。罗伯特·奥斯古德认为国家利益由4个要素组成:① 国家的生存或自我保护,包括领土完整、国家独立和基本制度的持续;② 国家在经济上的自给自足;③ 国家在国内外有足够的威望;④ 国家具有对外扩张的能力。

从对内对外两种角度对国家利益加以定义,既强调了国家的对内职责:捍卫主权和领土完整,保障国家的安全和发展;又强调了国家的对外职能:在国际社会中的责任与义务,尊重与承认。蔡拓认为:"国家利益具有双重含义,一方面是国内政治意义上的国家利益,指的是政府利益或政府所代表的全国性利益,与之相对应的概念是地方利益、集体利益和个人利益;另一方面是指国际政治范畴中的国家利益,指的是一个民族国家的利益,与之相对应的概念是集团利益、国际利益和世界利益。"

(二)根据"利益"一词的表达来界定

根据对"利益"的界定,可以从逻辑上推论国家利益,最具代表性的阐述是国际关系学院刘跃进所著的《国家安全学》提出的国家利益概念:国家利益就是满足或能够满足国家以生存发展为基础的各方面需要并且对国家在整体上具有好处的事物。从"利益"本身界定,推论国家利益概念,主要是强调国家利益的客观性,就是国家利益是以生存发展为基础,国家以生存发展为根本需要,而国家利益为国家需要的外在表现,并且强调国家利益是对国家有利的事物。具体来讲,国家利益的客观性主要是一切满足或能够满足国家以生存发展为基础的各方面需要并且对国家在整体上具有好处的事物。

(三) 根据人类社会的发展来界定

以上两种对国家利益界定的方式,都有其合理性,也有其局限性。从"国家"这个利益主体来界定国家利益,突出了国家的主体地位,强调国家利益是以国家为主体,对内包括个人及不同群体的利益,对外包括国家与国家之间关系中民族国家的整体利益。从"利益"概念界定国家利益,明确国家生存发展的需要是基础,而生存发展需要的客观性是利益的基本属性,利益表达的是主体客观上确实需要什么,而不是主体自我认为自己需要什么和他人认为主体需要什么,无论主体意识到的利益,还是没有意识到的利益,它们都是客观存在的。以上说明的是从"国家""利益"界定国家利益的合理性,但是从人类社会发展的视角来讲,当前对国家利益的界定又有局限性。因为,过去人类的生存发展主要是依靠食物、土地等生产资料,以及人类社会将食物、土地等生产资料货币化的金钱,而随着人类社会的发展,人类共同生存环境对国家生存发展越来越重要,清洁的水资源、空气是世界各国共同的生存发展需要,也就是人类社会共同的利益所在。因此,当前仅仅从"国家""利益"方面界定国家利益是有局限性的,特别是人类社会生存发展空间增大,人类社会生存发展空间不仅是在地球,几十年或几百年后人类可能生活在月球或其他星球,这也是人类社会共同的利益所在。所以,对国家利益的界定要基于发展的观点、整体的观点和全面的观点。基于以上论述,借鉴现有理论研究成果,可以合乎逻辑地得出这样一个结论:国家利益是以国家为主体、以人类社会共同需要为基础、满足或能够满足国家以生存发展为基础的各方面需要并且对国家在整体上具有好处的事物。

从主体来看,国家利益只能是以国家为利益主体的利益,国家利益是随着国家这一特殊利益主体的形成而产生的。因此,国家利益虽然与帝王、官吏利益、朝廷利益、政府利益、统治者利益、被统治者利益、国民利益等密切相关,并且在不同时代具有不同的复杂关系,但由于国家利益是以国家为主体的,因而不同于帝王、官吏利益、朝廷利益、政府利益、统治者利益、被统治者利益、国民利益中的任何一种利益，甚至在概念的外延界定上属于具有全异关系的不同概念。当然，对于国家利益与这些不同主体的利益之间的现实关系，还需要根据其复杂多变的各种不同表现形式，历史地、具体地、客观地进行深入研究与分析。

现代国家利益应以人类社会共同需要为基础。人类社会生存发展是随着人类社会生活方式、生存空间的拓展而变化的。目前，各个国家既有各自的国家利益，也有不同国家共同的国家利益。为了人类社会可持续生存发展，各个国家在争取各自利益的同时，必须考虑人类社会的共同需要或利益；否则，就会出现因争取本国国家利益而损害了人类社会生存发展的利益，而最终损害了世界各国的利益，也损害了本国利益。

总之，对国家利益的界定很难做到全面、完整。从学术界总结世界各国维护国家利益来看，主要有三点共识：一是国家利益是在和平、和谐的环境下，对内满足本国国民的共同愿望，实现国家的繁荣发展；二是对外赢得尊严，提高国家在国际社会中的威望；三是维护和发展国家利益是世界各国的共同追求，也应该是世界各个国家最根本的职能，是国家间相互联系、互相竞争的交点。

二、 国家安全的概念

目前，国内外学术界对于"国家安全"的定义一直存在着争论，国内外对"国家安全"的定义存在两种观点。一种观点是联系具体的情况来解释"国家安全"，一些学者认为，不同的行为体、不同的场合、不同的时代、面对不同的问题，人们会对"国家安全"作出不同的解释，任何一个概念的界定，都难免以偏概全，因而难以给"国家安全"下一个普遍适用的定义。另一种观点是按照国际关系理论从不同的认识角度和层面给"国家安全"下了一些不同的定义，我国学者刘跃进在《国家安全学》一书中对几种代表性的观点进行了系统的总结。布朗在《思考国家安全》一书中认为："国家安全是一种能力：保持国家的统一和领土完整，基于合理的条件维持它与世界其他部分的经济联系，防止外来力量打垮它的特质、制度和统治，并且控制它的边界。"美国出版的《国际社会关系百科全书》在解释"国家安全"时写道："现代社会科学家谈到这个概念时，一般是指一个国家保护它的内部社会制度不受外来威胁的能力。"日本警视厅在解释日本的国家安全时认为,"所谓我国的国家安全,应该理解为用军事以外的手段保卫我国的领土。国民的生命、身体和财产不受侵犯,或者指我国的基本政治组织的永存。"苏联出版的《大百科全书》指出:"保卫国家安全,即保卫现行国家制度、社会制度、领土不可侵犯和国家独立不受敌对国家的间谍特务机关及国内现行制度的敌人破坏所采取的措施的总和。"国外学者对于"国家安全"的定义,一种是从国际关系理论出发的,另一种是从特定意义上的国家安全工作(即隐蔽战线的情报与侦察保卫工作)出发的。这些定义虽然在这方面或那方面对我们认识国家安全都会有所帮助,但从科学定义的严格要求来说,它们又都是有局限性的,主要都是从国际外部威胁中定义"国家安全",忽视了国家内部对国家安全的要求,特别是从"国家安全活动""国家安全工作"等具体保护国家安全工作的角度阐述"国家安全"概念,很难包容国家安全和国家安全工作的丰富内容。

　　国内学者对"国家安全"定义的阐述,最有代表性的是刘跃进在《国家安全学》一书中提出的国家安全学的基本含义:国家安全就是一个国家处于没有危险的客观状态,也就是国家既没有外部的威胁和侵害,又没有内部的混乱和疾患的客观状态。其中,国家安全的基本内容包括国民安全、国土安全、经济安全、主权安全、政治安全、军事安全、文化安全、科技安全、生态安全、信息安全十个方面或十个要素。该书还指出这种对国家安全学基本含义的解释的主要依据是国家理论和安全理论。从思维逻辑上讲,《国家安全学》提出的国家安全学的基本含义十分严密,但是,从人类社会生存发展演进看,也稍存不足,主要反映在从国家理论和安全理论推论国家安全概念逻辑上没有问题,但是在界定"国家安全"概念时没有考虑人类社会共同安全的问题,当前国家安全是离不开人类社会共同安全环境的,这一点在上一节论述国家利益时已经进行了阐述。其实,我国在制定《国家安全法》时已经将人类社会共同安全环境对国家安全的影响因素考虑在内。《中华人民共和国安全法》(2015年7月1日第十二届全国人民代表大会常务委员会第十五次会议通过)第2条:"国家安全是指国家政权、主权、统一和领土完整、人民福祉、经济社会可持续发展和国家其他重大利益相对处于没有危险和不受内外威胁的状态,以及保障持续安全状态的能力。"对"国家安全"概念的理解主要有以下几点。

（一）国家安全主体是国家，客体是国家政权、主权、统一和领土完整、人民福祉、经济社会可持续发展及国家重大利益

国家是安全的主体，国家安全的利益获得者为占有国家统治地位的帝王、官吏、朝廷和政府及国民，在现代社会中代表国家安全的主体主要是指政府、国民。国家安全客体是指国家安全反映国家政权稳定、主权独立、领土完整统一，人民幸福、经济社会可持续发展，以及在外交、科技、文化等国家重要领域具有公平、自主的发展权利等。需要说明的是，经济社会可持续发展需要以人类社会整体处于安全状态为前提，如克服气候变暖、空气与水资源污染和疾病疫情等。

（二）国家安全是国家没有危险和不受内外威胁的状态

国家没有危险是国家安全的特有属性，也可以表述为"国家免于危险"或"国家没有危险"的状态。由于"没有危险"包括没有外在威胁和没有内在疾患两个方面。那么按照逻辑关系推论，"国家免于危险"或"国家没有危险"是没有外在威胁和没有内在威胁的统一，没有外在的危险就是没有外在的威胁与侵害，国家的外部威胁和侵害主要是指处于一国之外的其他社会存在对本国造成的威胁和侵害。从威胁和侵害者看，这种外部威胁和侵害包括其他国家的威胁、非国家的其他外部社会组织和个人的威胁、国内力量在外部所形成的威胁和侵害（如国内反叛组织在国外从事的威胁和侵害本国的活动）。没有内在的危险就是没有内在威胁，如国内的混乱、动乱、骚乱、暴乱，以及其他各种形式的疾患，直接危害到国家生存，造成国家的不安全。因此国家安全必然包括没有内部混乱和疾患的要求，只有在同时没有内外两方面的危害的条件下，国家才安全。

（三）国家安全条件是保障持续安全状态的能力

国家安全必须具备一定的条件，从国际关系理论讲，国家安全的条件是国家必须具备抵御其他国家入侵和破坏的能力，保持国家的统一和领土完整，并不受外部势力压制，维持与世界各国正常社会交往与联系。从国内政治讲，统治者要能够控制内部暴动、维持其统治制度及有效防止各种自然灾害等。当然，人类社会整体安全对国家安全有重要影响，人类社会整体处于安全状态有利于国家保持持续安全状态，那么维持人类社会整体处于安全状态，也应是每个国家应尽的共同义务和职责，特别是在关

乎人类社会共同命运问题上,世界大国需要发挥经济、科技优势,为人类社会共同生存发展发挥作用。

三、 国家安全的基本内容

国家安全虽然比较抽象,但是,可以从国家安全基本内容来反映,并且在国家的不同发展阶段,国家安全内容是不同的。

国家安全内容是由国家生存发展的需要决定的。对于任何时代的任何国家来说,国民安全、经济安全、领土安全、主权安全、政治安全、军事安全都是必然需要的,因而它们是国家安全的"源生内容"。后来,在社会历史发展的过程中,又陆续出现了文化安全、科技安全、生态安全、信息安全等国家安全的"派生内容"。2014 年 4 月,习近平在中央国家安全委员会第一次会议中,提出了 11 种国家安全:政治安全、国土安全、军事安全、经济安全、文化安全、社会安全、科技安全、信息安全、生态安全、资源安全、核安全。近年来,随着海洋、网络、太空和生物领域地位的突显,海洋、网络、太空和生物安全逐渐成为国家安全的重要内容。

国家安全内容是互相联系、互相作用、不断变化的,并且在动态联系中占据着各自不同的位置,发挥着各自不同的作用,通过相互作用影响着整个国家的安全系统。在当代国家安全系统中,国民安全是国家安全的核心和国家安全活动的根本目的,政治安全(包括领土安全和主权安全)是国家安全的根本,军事安全是国家安全的保障,经济安全是国家安全的基础,文化安全是国家安全的深层根系,科技安全是当代国家安全的关键,网络安全是当代国家安全的无形屏障,生态安全是当代国家安全必要的自然条件,海外利益安全、生物安全、太空安全、极地安全、深海安全是国家安全的重要支撑。

第二节　太空安全

太空安全是国家安全的重要组成部分,受到世界各国的普遍关注并成为国家安全的重要支撑。

一、 太空安全的起源

太空威胁在宇宙空间一直存在,地球生命几次毁灭性浩劫都是来自宇宙空间,只是地球生物或人类没有能力感知到威胁或无法抗拒而已。自地球上人类生命出现以来,人类最早感知到的太空威胁其实并不是真正意义上的太空安全问题。早在远古时代,人类就对浩瀚太空存在原始敬畏感,这一自然崇拜被应用于古代神巫占卜,并形成了"星占学(亦称'星相学')"。古代"星相学"往往用于人类抗拒自然灾害和国家决策中。据传,汉成帝二年曾发生"荧惑守心"的天相"恶兆",并引发重大朝政动荡。现代意义上的太空安全认知起源于 20 世纪 40 年代人类太空开发初期,是第二次世界大战后太空技术发展与冷战背景下美苏以核力量为主要手段的战略竞争发展的产物,并随太空能力和国家安全发展而逐渐演化,即真正的太空安全问题是随着人类探索、开发太空产生和发展起来的,是围绕人类太空活动出现和发展起来的安全问题。

借鉴国家利益与性质、国家安全及其与太空安全关系论述,现代太空安全经历了几个演化阶段。

一是美苏太空竞赛阶段,自世界上第一颗人造卫星成功发射起。1957 年 10 月 4 日,斯普特尼克 1 号人造卫星发射成功后,苏联随之成为世界上第一个航天大国。借着这一巨大优势的猛烈势头,苏联又紧接着于 11 月 3 日将斯普特尼克 2 号卫星送入太空。这一次又一次有力的冲击,破坏了美国全球科技领导者的形象,也加重了自核时代起美国人心中一直存在的不安全感。显然苏联取得了这场太空竞赛初期的胜利,但美国紧追其后并凭借其雄厚的科技实力,于 1958 年 1 月 30 日,在卡纳维拉尔角发射场成功发射了美国的第一颗人造地球卫星——探险者 1 号。1958 年 8 月 18 日,美国在国家安全委员会第 5814/1 号秘密文件《美国外层空间政策的初步声明》中展示了其完整的太空政策,包括侦察、气象、通信、导航卫星发展和载人航天等计划。1969 年 7 月 20 日,尼尔·阿姆斯特朗和巴兹·奥尔德林成功完成在月球宁静海的漫步,至此美国完成了对苏联斯普特尼克号的应战。这一阶段的突出特点是太空安全问题与国家政治紧密联系,美苏为争取世界霸权地位,竞相发射卫星,证明太空科技水平,扩大美苏两个超级大国的国际影响。

二是太空安全利益争夺阶段,自美国总统里根提出"星球大战"计划起。20世纪80年代,世界范围内冻结核武器运动日益发展,美国战略核力量进程困难重重,为了应对苏联核威慑,美国开始重新审视战略防御的潜力。1983年3月23日,里根总统提出"星球大战"计划,正式宣布战略防御倡议,其要旨是消除弹道导弹威胁,主要任务是通过国防支援计划(DSP)系统为爱国者导弹拦截来袭目标提供重要的数据支撑。为了应对苏联军事力量的持续增长,1981—1989年,美国国防部每年都会出版并发布"苏联军事力量"年度报告,报告中的图片最主要的来源是美国的成像侦察卫星。另外,美国是世界上第一个进行反卫星试验和拥有反卫星武器的国家,对世界各国太空安全形成了巨大的威胁。

三是太空利益安全维护阶段,自美国提出"太空霸权"起。特朗普政府为强化美国的全球霸权和单边主义,推行太空霸权主义,并下令组建美国的第六军种——太空军。美国此举明显违背《外层空间条约》《防止外空军备竞赛的进一步切实措施》《不首先在外空放置武器》等国际条约。按照美国前国防部长马蒂斯的说法,美国防部已经同意特朗普关于太空的构想,把太空看作一个新战场。美国开此先河,世界各大国为了保护本国的太空利益安全,势必会开展太空军备竞赛。

二、 太空安全的概念

目前,对到底什么是太空安全具有不同的认识。《中国人民解放军军语》指出:太空安全是指外层空间处于和平开发、利用和非军事化的状态;本国航天器在外层空间不受干扰、碰撞或攻击威胁的状态。还有观点认为,太空安全就是太空域中的国家利益的安全,即太空安全是太空利益安全,也是指国家的太空活动、太空资产及与太空紧密相关的国家利益的安全状态。综合已有关于太空安全概念的观点,按照"内涵＋外延"定义方法,遵从逻辑关系分析,依照国家安全理论,可将太空安全界定为:国家太空资产和人员不受威胁和损害,太空进出和利用等活动不受干扰和破坏,太空发展权益不受压制,国家其他重大利益不受来自太空威胁和损害的状态,以及保障持续安全状态的能力。

一是太空资产和人员不受威胁和损害。太空资产和人员不受威胁和损害是太空安全的核心,也是太空安全的最根本利益所在,以及维护太空安全的出发点、落脚点,主要是指太空系统、太空地面设施、太空科技工业机构和设施及从事太空活动人员安全。

二是太空活动不受干扰和破坏。主要是指太空进出和利用、太空国际合作和军控等活动的安全。太空活动是太空生存发展的基本实践活动,太空是人类共同拥有的太空,从事太空活动是主权国家或国际组织的太空权益,不应该受到任何国家、组织的干扰和破坏。另外,太空活动投入大、科技水平要求高,只有世界各国团结协作,才能确保太空有效开发和利用。

三是太空安全发展权益不受压制。主要是指公平、可持续地组织航天装备科研生产、获得太空发展所需的轨频资源与采矿权益等。太空安全发展的重要手段是不断提高太空科技水平,以及促进太空产业发展,太空科技、太空产业发展水平决定太空安全权益,没有独立的太空科技、工业体系,就无法保证太空安全权益。相反,太空安全权益是世界各国应该享有的权益,一个太空科技、太空产业发展领先的国家不应该通过军事威慑、外交限制、技术封锁等手段,影响和阻止另一个太空科技、太空产业落后的国家参与太空活动,或开发、利用太空的权利。

四是国家其他重大利益不受来自太空的威胁和损害。这主要是指政权、主权、发展等利益不受来自太空的威胁和损害。随着太空开发、利用和信息化革命浪潮的不断推进,太空安全在国家安全中的地位日渐突显,太空安全已经成为国家安全不可或缺的重要组成部分,对国家政权、主权和发展利益都产生直接影响,维护太空安全成为维护国家重大利益的一个重要方面。

五是具有保障持续安全状态的能力。保障太空安全状态既受外部因素影响也受内部因素影响,包括太空环境、太空交通管理等对太空安全的影响。随着对太空的深度开发、利用,太空交通控制难的问题对太空安全状态影响加大。太空法律制度不完善、太空合作机制缺失等正在成为影响太空安全的重要因素。

此外,理解太空安全,有狭义和广义两个视角。从狭义上讲,太空安全主要是指太空领域本国的安全或太空领域本国的安全利益,即国家太空安全具体表现为:一个国家发展太空科技、开展太空活动,主要目的是确保本国不处于太空生存与发展危险的状态,而不考虑其他国家是否处于太空生存与发展危险的状态及人类社会的整体太空生存发展持续状态。个别航天大国，正是由于过分强调这种狭隘的太空安全观，为了本国太空利益，推行太空垄断政策、太空霸权主义。从广义上讲，太空安全不仅指太空领域本国的安全和利益，而且指国际太空安全即去国家化太空安全，既强调本国免于陷入太空生存与发展危险的状态，又突出人类社会共同的太空利益和人类社会整体生存发展的太空需要。

三、 太空安全的特点

太空安全的特点是太空安全本质与客观规律的反映，影响太空安全指导思想、组织领导、斗争方式与维护保障机制建设等各个方面。不同时期的太空安全有其不同的特点，准确揭示和把握太空安全的时代特点，是正确指导太空安全工作、活动的基础。与其他领域安全相比较，太空安全具有以下特点。

（一）非传统性

太空安全的非传统性是相对于传统领域安全而言的。传统领域安全主要是指领土、领海、领空安全，太空安全的非传统性具有三层含义：一是属于新型安全领域；二是航天器必须按照轨道力学规律运行，区别于陆海空领域的运动物体；三是太空领域的公域性，任何国家或组织均无法拥有"领天"权，大气外层的太空域尚不存在国家主权概念，属于非国家政府管辖领地，非传统性特点突出。

（二）交叉关联性

太空安全不仅涵盖太空领域本身，而且与国家军事、经济、科技、文化、社会等各领域安全密切关联，形成了交叉依赖的安全形势，以美国为例，美国国土安全部指定的 16 个关键基础设施部门中就有 14 个依靠卫星导航系统运行。

（三）动态发展性

太空是发展和应用最快的领域之一，处于调整发展期，以互联网应用、可重复使用发射、行星勘探采矿及人工智能等为特征的新一轮太空技术正在涌现，催生了新的太空安全问题，太空安全形势始终处于快速动态变化之中。随着太空科技创新的发展，太空安全内涵将不断丰富，太空安全内容也将不断发展变化。

(四) 国际开放性

太空安全问题不仅事关某个国家生存发展,而且事关人类社会的生存发展。如,太空安全科技与产业发展投入大、周期长,仅仅依靠一个国家困难比较大,载人航天、探月、深空探测等重大工程需要集中各国力量。另外,太空活动开展、太空环境治理、太空交通管理也需要世界多国相互协作才能更好地完成。

第三节　国家安全与太空安全的关系

国家安全与太空安全有着密切的关系,科学分析和正确认识国家安全与太空安全的关系是维护太空安全的前提。

一、　国家安全与国家太空安全的关系

国家安全是政治、国土、军事、经济、文化、社会、科技、信息、生态、资源、核、海洋、网络、太空等安全的有机统一,国家太空安全作为太空领域的国家安全,只是国家安全的一个组成部分,与国家安全是整体与部分的关系,二者相互依存。

一方面,国家安全作为包括国家太空安全在内诸多安全要素构成的有机统一体,对太空安全这一单一安全要素具有决定作用。不可能有独立的国家太空安全,脱离了国家整体安全,国家太空安全会变得毫无意义。具体地讲,没有国民安全,国家太空安全活动就失去根本目的和初衷,变成舍本逐末;没有包括领土安全、主权安全在内的政治安全,国家太空安全就失去根本;没有军事安全,国家太空安全就失去保障;没有经济安全,国家太空安全就失去基础;没有文化安全,国家太空安全就失去深层根系;没有科技安全,国家太空安全就失去支撑;没有网络安全,国家太空安全就失去无形屏障;没有海外利益安全、极地安全、深海安全等,国家太空安全就失去重要的发展条件。

另一方面,国家太空安全对国家安全其他构成要素和国家整体安全具有不可替代的重要作用。国家太空安全与否,直接影响国家安全是否完整和国家安全度的高低,以及国家安全其他方面是否有保障。随着国家

利益不断向外层空间拓展,国家太空安全的地位日益提升、作用越来越大。国家太空安全度越高,国家利益拓展空间就越大,国家安全就越有保障。反之,失去国家太空安全,必然不利于国家利益维护和拓展,有损国家整体安全甚至会因此失去国家安全。

总之,国家安全与国家太空安全相互依存,维护和发展国家太空安全和利益必须根植于国家整体安全和利益之中,维护和发展国家整体安全和利益必须依托国家太空安全和利益的发展。

二、 国家安全与国际太空安全的关系

国家太空安全是国家安全的重要组成部分,而国际太空安全又是国家太空安全的延伸和发展,因此国家安全和国际太空安全密切关联。

首先,二者相互依存。随着全球一体化程度不断加深,各国利益相互交织,相互依存度不断提高,国内问题国际化和国际问题国内化已成普遍趋势,一方面单凭一己之力解决所有安全问题已不可能,另一方面国内安全、国际安全、全球安全问题相互交叉,别国的安全问题或国际安全问题随时可能影响本国安全。因此,现代总体国家安全观认为,人类社会整体处于安全状态是国家安全必不可少的条件,只有人类社会整体处于安全状态才能称得上国家具有保障持续安全状态的能力,不能再孤立地、狭隘地强调本国的绝对安全。国际太空安全观作为国家太空安全概念的延伸和发展,突破本国太空安全与利益局限,重点强调人类社会共同太空安全和利益及人类社会整体生存与发展的太空需要。可见,二者都强调以促进国际安全为依托,摒弃了零和博弈等思维,超越了"你输我赢,你兴我衰"观念,"既重视自身安全,又重视共同安全,打造命运共同体,推动各方朝着互利互惠、共同安全的目标相向而行",体现了以共同安全确保自身安全的新型国际关系思想。

其次,二者相互作用。一方面,国家安全是国际太空安全的基础。任何一个国家,只有确保本国在太空领域的安全和国家安全,才有能力和动力去推动国际太空安全;如果不能确保本国太空安全和国家安全,则既无能力也无动力推动国际太空安全,太空安全对该国变得毫无意义。另一方面,只有各航天国家特别是各航天大国都突破太空零和博弈的历史局限,立足于构建太空领域人类命运共同体,既谋求自身太空安全和利益,

也让别人安全和发展;既避免本国陷入太空生存与发展危险状态,又突出人类社会共同的太空利益和人类社会整体生存与发展的太空需要,才能真正实现本国太空安全和国家安全。

最后,二者相互矛盾。现代国家安全观虽然强调他国安全和全球安全,但其根本出发点和归宿点仍然是本国安全和利益,他国安全和全球安全只是实现本国安全和利益的途径。而国际太空安全重点突出世界各个相关国家的太空安全和利益,置其于国家太空安全之上。这样,如果过分追求国际太空安全,必然不利于本国太空安全和国家自身安全。反过来,如果过分追求本国太空安全和国家自身安全,必然不利于国际太空安全。

第三章　太空安全战略

战略是随着人类战争实践而产生和发展起来的。随着时代特点、战略环境、军事技术和战略任务的发展，战略内涵逐渐向国家战略、大战略层面延展。当前，战略内涵已突破传统的战争和军事领域，迅速向政治、经济、外交、安全、文化、能源、科技等众多领域拓展，战略可理解为关于全局性、高层次、前瞻性、长远性重大问题的方针和策略。太空安全战略是关于太空安全领域全局性、高层次、前瞻性、长远性重大问题的方针和策略，属于国家重大安全领域战略。制定和实施太空安全战略，是一个国家全面规划太空力量运用与建设，保障总体国家安全，整体提升太空竞争力和应对太空安全威胁能力，以及国际地位与影响力的重要举措。本章重点讨论太空安全战略的内涵、属性、构成要素及制定与实施的相关内容，以期为了解太空安全战略的重要意义、体系架构、战略运行等提供参考。

第一节　太空安全战略的内涵

太空安全战略是对太空安全力量运用与建设全局的筹划和指导，在太空安全斗争实践中产生，并随着太空安全斗争实践的发展而发展。不同的国家在不同的历史时期，由于太空安全战略利益需求不同、面临的安全威胁不同、所处的环境条件不同，战略也不相同。太空安全战略属于重大领域的安全战略，服从并服务于国家安全战略。

目前，对太空安全战略尚没有权威的定义，理解太空安全战略，可以先从理解太空安全与国家安全的关系入手。太空安全是国家安全的重要组成部分，长远看甚至是国家安全的重要支撑和决定因素。国家安全包括太空安全，太空安全支撑国家安全。太空安全战略是国家安全战略在太空安全领域的贯彻和落实，同时又为国家安全战略提供战略手段。同样，太空安全战略是国家安全战略的重要组成，既服从并服务于国家安全目标，又得到国家安全战略的支持。在明确太空安全和国家安全战略的基础上,可采用"属＋种差"的方法对太空安全战略给出一个比较清晰的内涵表述。

第一,找出邻近属。太空安全战略从属于国家安全战略,国家安全战略是太空安全战略的邻近属概念,太空安全战略是国家安全战略在一个重大安全领域的战略,是国家安全战略的重要组成部分。

第二,种差。国家安全战略之下有众多的种概念,比如,国家网络安全战略、国家极地安全战略、国家海上安全战略、国家生物安全战略、国家环境安全战略等,太空安全战略与它们共同属于国家安全战略的种概念。在这些种概念中,太空安全战略与其他种概念最本质的区别是服务对象不同,太空安全战略直接服务于"国家太空安全",即太空安全战略用于筹划和指导国家太空安全,其他安全战略则各自服务于不同的国家安全领域。

第三,定义项。属与种差的结合,"指导国家太空安全"＋"国家安全战略"。国家安全战略可以定义为"筹划和指导国家安全全局的方针和策略。"那么,太空安全战略可以参照国家安全战略进行定义。

第四,定义。加上定义联项,太空安全战略的定义就可表述为:太空安全战略是筹划和指导国家太空安全全局的方针和策略,是国家安全战略的组成部分。理解太空安全战略的内涵应主要把握以下两个方面:一是太空安全战略服务于国家安全,是国家安全战略在太空安全领域指导方针和实施策略的集中体现。太空安全战略在方向性上、原则性上、整体性上要保持与国家安全战略的一致性,为国家安全战略提供手段选择和成效支撑。同时,太空安全战略又从国家安全战略中得到保障和其他领域安全战略的支持。二是太空安全战略服务于太空安全全局,既包括太空安全力量的建设,也包括太空安全力量的运用;既包括太空领域的国家利益安全,也包括受太空威胁下的国家利益安全,还包括对太空支撑下的国家利益安全。

从这一意义上讲,太空安全战略的制定主体应包括众多利益主体,而非太空领域主体。太空安全战略与其他领域安全战略之间在指导对象上存在交叉重合部分。对于交叉重合对象的指导要求,太空安全战略重点关注于太空对其安全的影响,研究和指导其如何应对太空影响的安全问题。太空领域是人类共同拥有的空间,一个国家制定太空战略主要考虑太空全局安全。太空安全战略需通过一定的科学方法制定，并以方针和策略的形式指导太空安全全局。

总之，国家太空安全战略从属于国家安全战略体系，是关于太空的国家安全战略。太空安全战略与国家其他领域的安全战略在指导对象上存在交叉，在指导内容上既相互兼容，也相互约束。因此，太空安全战略与其他战略既相互支撑，也相互制约，共同服从并服务于国家安全战略。

第二节　太空安全战略的属性

任何事物都有其内在的本质属性，战略也不例外。认清属性、把握规律，是科学制定与贯彻落实战略的前提。战略的本质属性即基本特性，是通过其特定的内容和形式来表现。太空安全战略首先遵循战略的基本属性，并具有太空领域特殊的战略属性。

一、 太空安全战略的基本属性

（一）政治性

太空安全战略的政治性，是由军事对政治的从属性关系决定。战略服从政略是一条基本原则。战略的制定和实施必须站在政治高度，从国家利益全局出发进行宏观筹划，保证党和国家政治目标的实现。战略指导者在进行战略决策和战略指导时，必须认清政治背景、分析政治条件、明确政治目标、考虑政治结果。在任何情况下，战略都不能超越国家的政治目标，都不能脱离政治而独立存在。战略对政治也有反作用。正确的战略可以为政治目标的实现创造条件，而错误的战略会导致军事斗争失利甚至战争失败，从而造成严重的政治后果。由于太空战略地位重要，因此，太空安全战略的政治性更加突出。

（二）全局性

全局性是太空安全战略最基本的特性。战略处于军事领域的最高层次，是对军事问题的最高决策，要始终把握好整个军事斗争的全局，照顾好军事力量运用和建设的各方面、各部分和各阶段。所以，在确立和实施战略时,要善于分析影响全局的各种因素和矛盾,抓住其中对全局变化起决定作用的主要矛盾,找出解决这一矛盾的有效方法和对策,确保战略目标的实现。太空安全战略是国家维护太空安全全局的方略,其研究和运用的领域包括太空安全的全局,即国家安全范畴内涉及太空安全的各个方面、各个领域、各个部门甚至相关国家和地区,既包括太空领域,也包括与太空能力密切关联的国家安全领域,还包括与国家太空领域关系密切的国家和地区。所以,国家太空安全战略必须始终把握好整个太空领域建设、发展及力量运用的全局,照顾好力量运用和建设的各方面、各部分和各阶段,确保国家战略目标的实现。

(三)稳定性

军事斗争和军队建设情况的发展变化,必然要求战略作相应的调整和变化。也就是说,战略必须随着军事斗争和军队建设的发展而发展,一成不变的战略是不存在的。然而,战略是对军事力量运用和建设全局的筹划和指导,处于军事领域的最高层次,指导范围广,影响重大而深远,只要总的战略形势和目标任务没有发生根本性的改变,战略就需要保持基本稳定。因此,太空安全战略又具有相对的稳定性。一是战略指导的对象是相对稳定的,即太空安全力量建设和运用的全局相对稳定。二是战略的基本指导原则是相对稳定的,太空安全战略作为国家太空安全领域根本性的战略政策,其基本指导原则受国家所遵循的理论和方针政策的支配和制约,因而在一定时期内是基本稳定的。三是战略的基本内容是相对稳定的,太空安全战略主要是通过规定战略目标和任务、战略方针、战略手段等内容而表现出来的。一旦确定,就成为太空安全领域行动的准则和依据,需保持基本稳定。

(四)竞争性

任何战略都是针对特定的威胁和挑战提出来的。军事斗争尤其是战争,是敌对双方以军事力量为主体而进行的对抗和较量。战略指导过程,就是敌对双方运用各自力量进行博弈和斗争的过程。对抗性是战略的一个显著特征。太空安全战略的政治性决定了其必然具有对抗性。任何战略都是为一定的民族、国家、政治集团的利益服务的,而这种服务往往又是在充满矛盾和冲突的斗争中实现的。影响国家太空安全的因素最主要的是外部因素,在当代社会,外部影响因素中最主要的因素是国家间的敌对或竞争威胁。因此,一国的太空安全战略总会针对其外部威胁而制定,具有对外部威胁的反制作用,这也是太空安全战略对抗性特点的显著体现。

(五)谋略性

谋略是战略指导者基于客观情况而提出的计谋和策略。战略指导在一定意义上是敌对双方以一定的物质力量为基础进行的智慧和谋略的较量。自古以来,任何战略都体现着一定的谋略思想。《孙子兵法》就是一部充满谋略思想的战略巨著,它明确主张"上兵伐谋"。实践证明,战略上高敌一筹的谋略往往能产生单纯的物质力量难以达到的结果,或成为物质力量的"倍增器",使物质力量发挥出超常的功效,甚至可以达到"不战而屈人之兵"的目的。谋略性往往体现在主观性与艺术性两个方面。就太空领域而言,主观性是指太空安全战略虽然基于对客观的认识,具有一定的相对客观性,但认识的主体是人及团队、群体,由于战略制定团队、群体的认知水平、认知观念不同,认知结果的客观性也不同,因此,又体现了主观的能力水平。艺术性是太空安全战略决策的灵活性、风格等方面的体现,虽然规律、方法具有科学性,但如何运用规律、方法则具有灵活性、特殊性,取决于太空安全战略决策者的指导能力和经验。

(六)客观性和科学性

任何战略都必须遵循基本的客观规律、约束条件,科学有效地制定或实施。所谓客观性是指太空安全战略的制定和实施必须依据一定的客观基础,包括战略实力、战略环境等。所谓科学性,是指太空安全战略制定有其科学的依据和方法。在科学依据方面,它依据对太空安全客观规律的认识;在科学方法方面,它的分析认识方法、判断方法、决策方法等,都需要基于一定的科学方法。

二、 太空安全战略的特有属性

(一)国际协同性

与陆地、空中、海上不同,太空是国际公域,任何国家对太空都不拥有主权,仅对太空中的资产拥有主权,这就要求太空安全战略必须在基于国家安全诉求基础上,体现国际协同,一国的安全必须考虑其他国家的安全诉求,兼顾人类共同的太空安全诉求。当前,即使是个别奉行太空霸权战略的国家,在制定国家太空安全战略时也必须照顾全人类的共同太空安全诉求。这也是太空安全战略有限主权性的体现。然而,并非所有国家都认可太空公域的属性,美国一直未将太空视为全球公域,特朗普政府一再拒绝这一立场,明确指出"美国不将太空视为全球公域"。

(二)跨域指导性

由于太空安全在国家安全体系中具有较强的跨域支撑作用,因此,国家太空安全战略的指导上也具有跨域性,不仅指导国家太空领域的安全,而且指导与太空密切关联的国家其他领域中太空影响下的国家安全问题,如网络领域中的太空网络安全、生态安全领域中的预警安全、交通领域的交通自动化管理安全等。这一属性也是由太空领域本身的跨域性所决定的,太空与科技、经济、社会、网络等领域密切相关,与陆地、海洋、空中等领域密切相关,所以,太空领域的安全维护是需要跨领域、跨部门、跨军地甚至跨国界来共同维护的。举一反三,在指导对象上,太空安全战略与其他领域安全战略具有交叉性,即可能对同一事务的安全进行指导,但指导的侧重点不同。太空安全战略主要指导其他受太空安全影响的安全,而该领域战略则从领域的全局上进行研究和指导。

(三)认识和指导的发展性

相对于太空开发利用的巨大潜力来说,人类目前对太空的开发利用水平仅仅算作刚刚起步,人类主要的太空活动领域还仅限于地球轨道空间,太空价值也主要体现于对地支持价值。随着人类太空开发利用的发展,人类太空活动的范围、基础、模式都将会不断变化、拓展,太空安全及太空安全战略的客观基础、科学依据也将随之发生变化,从而推动太空安全战略不断发展。比如,太空安全战略所涉及的空间范围除地球轨道空间外,还包括地月轨道空间、星际空间等。

(四)技术决定性

与人类的基本生活基础陆地不同,太空是完全依靠人类技术进步而拓展的新空间,国家太空能力的大小、开展太空活动的范围不能脱离太空技术的发展与有力支撑。因此,太空安全战略的基础、安全影响因素都不能脱离国家太空技术水平和国际太空技术水平,国际太空技术发展对国家太空安全也具有重要的影响,国家太空技术能力决定国家太空安全战略力量的能力水平。

第三节　太空安全战略的构成要素

太空安全战略作为指导国家太空安全的方针和策略有其基本的构成要素,通常包括战略形势、战略目标、战略任务、战略方针、战略手段等。其中,战略形势分析是制定方针策略的基础,战略目标、战略任务、战略方针、战略手段等是太空安全战略的重点内容。

一、 太空安全战略形势

正确判断形势,是制定路线方针政策的基础。战略上判断得准确,战略上谋划得科学,战略上赢得主动,党和人民事业就大有希望。战略判断是对关系国家安全和军事斗争全局的重大问题进行分析、预测、判定并得出结论的过程,是进行战略决策与战略指导的前提和依据,对军事力量运用与全局建设具有重大影响。战略判断的实质是透过纷繁复杂的现象,揭示事物的本质和内在联系,以获得对战略全局情况的正确认识。其主要目的和任务,是从全局上分析一定时期内国家安全与发展面临的国际国内环境,判明威胁,区分敌友,预测战端,分析力量对比,评估战略风险,权衡利弊得失,从而为战略决策与指导提供可靠、客观的依据。

太空安全战略形势分析,是指太空安全战略制定者为确定战略目的、制定战略方针和策略,对影响战略的诸因素的形态、发展综合权衡分析。通过战略形势综合分析,明确安全威胁和能力资源,确定战略初始状态,评估优势、劣势,提出战略需求。主要包括:战略环境分析——包括分析国际战略格局、太空战略形势、国家内部环境及对太空安全产生重大影响的太空自然环境;战略威胁分析,包括分析判断各种安全危险因素态势及综合态势,主要危险因素的安全影响预测,主要战略对手战略态势;战略资源分析,包括可用的资源实力和潜力,现有安全能力与威胁综合评估。可以说,战略形势研判是太空安全战略制定与实施的不可或缺的关键环节,更是制定战略目标、方针、策略重要的前提、依据和条件。

二、 太空安全战略目标

太空安全战略目标,是国家太空安全领域在战略上所要达到的预期结果,包括达到和保持的安全状态及维持这一状态的安全力量所拥有的能力。太空安全战略目标是制定和实施太空安全战略的出发点和归宿。太空安全战略目标通常包括总目标和各个方面、各个阶段的分目标。太空安全战略目标是进一步确定其他战略构成要素的基本依据,太空安全战略的其他构成要素都要围绕实现战略目标而制定和调整。

值得注意的是,确定太空安全战略目标的依据除太空安全战略形势外,还需要考虑以下 3 个方面的内容:一是国家利益,二是国家战略基础能力,三是国家安全战略及与太空安全密切相关的其他战略要求。

(一)国家利益的依据

维护国家利益是国家安全战略的基本职能,也是太空安全战略的基本职能。与太空安全战略相关的国家利益包括 3 个方面内容,一是国家太空利益,即国家太空系统(含现有的天地系统人员、制造发展太空系统的设施人员等)、进出和太空运行的权力、利用和开发太空的权力;二是太空支撑下的国家利益,即与太空能力密切相关的政治、军事、经济及网络、信息、交通、金融、生态等利益;三是受太空威胁的国家利益,即由于太空危险源的存在而受到威胁的国家利益,如天对地打击武器威胁、天对地侦察威胁、太空环境的影响等。

(二)太空安全可用的国家战略能力

国家战略能力,主要是国家在政治、经济、科技、军事、外交等方面可以为维护太空安全提供的支持资源及资源可转化的能力,包括实力和潜力,这是太空安全战略实施的基础与制定的依据。太空安全战略目标的确定以其为基础,受其制约,二者之间是需求与可能的关系。国家太空安全战略能力以太空安全力量为主体,但不仅限于太空安全力量。太空安全战略的制定和实施以国家太空安全能力为基础,同时,太空安全战略又把建设新的太空安全战略能力作为战略目标。

(三)国家安全战略及与太空安全相关的其他战略要求

国家安全战略是太空安全战略的上一级战略,太空安全战略是国家安全战略的战略手段,为国家安全战略服务,为国家安全战略提供战略支撑。同时,国家安全战略又为太空安全战略目标的确定提出要求,为其实现提供保障。其他战略与太空安全战略目标的确定也存在相互支撑和相互制约的作用。

确定战略目标,突出强调需要与可能相结合,具有科学性和可行性,符合国家的路线方针政策,与国家的总体目标和国家实力相适应,满足国家在一定时期对维护自身利益的基本要求。

三、 太空安全战略任务

战略任务是把战略目标的内容具体化为战略行动的统筹安排,是连接战略目标与战略实施的纽带,是战略指导的重要环节。战略任务一经确定,就成为统筹指导力量运用与建设全局的基本遵循。太空安全战略任务可区分为达成战略目标需要完成的具体任务,是为达成战略目标对重大问题的解决,是战略目标的具体体现,是实现战略目标的直接条件。太空安全战略任务通常包括力量运用任务和力量建设任务。力量运用任务包括:消除太空安全威胁,有效控制太空安全危险升级;控制太空安全危机发生或清除、降低危机影响。力量建设任务包括:建设应对太空安全威胁、维护太空安全、提升国家太空实力的能力。二者之间相辅相成,互为支撑。

四、 太空安全战略方针

战略方针,是指导军事斗争和军事力量建设全局的总纲领、总原则。它规定实现战略目标、完成战略任务的基本途径,规定一定时期内军事斗争和军事力量建设的重点、主要战略方向、主要作战样式和作战原则,规定使用的主要力量、军事斗争的进程和持续时间等。战略方针是否正确,对于军事斗争的进程和结局有着决定性影响。太空安全战略方针是筹划和指导国家太空安全全局的总纲领和总原则,明确实现国家太空安全战略目标的基本要求和方法路径,对于太空安全战略的实施方式、实现效果和资源投入程度等具有直接的规定性,是实现太空安全战略目标的方法论的集中体现。战略方针的确定是在科学分析太空安全形势的基础上,依据战略资源,根据战略目标和任务的要求而制定的。对不同的时期、不同的战略条件、不同的战略环境、不同的战略目标,应采取不同的战略方针。太空安全战略方针有指导整个战略规划期的总方针,也有每个阶段、方向的具体方针,以确定不同情况的战略任务、战略重点、主要战略方向等战略资源的分配和战略力量的运用等问题。

五、 太空安全战略手段

战略手段,是实现战略目标的力量及其作用方式。太空安全战略手段是为达成战略目标而运用战略力量的方法。广义上看,太空安全战略手段包括战略力量和运用力量的方法、措施,它是战略方针的具体化。太空安全战略力量是为实现太空安全战略目标和任务而运用的战略资源,是战略实施的物质基础。太空安全战略力量既包括太空领域的战略资源,也包括太空领域之外可以运用于太空安全的资源;既包括科技、工业、经费、人力等物质资源,也包括政策、法规、文化等非物质资源;既包括国内资源,也包括可以联合、引进的国外资源。战略力量属于战略手段,包括力量选择或资源的选择、力量的编组或资源的组合、任务的分配或资源的分配等。

第四节 太空安全战略的制定与实施

太空安全战略的制定与实施主要包括战略判断、战略决策、战略规划、战略实施、战略评估等环节。

一、 战略判断

毛泽东指出:"指挥员的正确的部署来源于正确的决心,正确的决心来源于正确的判断,正确的判断来源于周到的和必要的侦察,和对于各种侦察材料的联贯起来的思索。指挥员使用一切可能的和必要的侦察手段,将侦察得来的敌方情况的各种材料加以去粗取精、去伪存真、由此及彼、由表及里的思索,然后将自己方面的情况加上去,研究双方的对比和相互的关系,因而构成判断,定下决心,作出计划——这是军事家在作出每一个战略、战役或战斗的计划之前的一个整个的认识情况的过程。"正确判断形势,是制定路线方针政策的基本依据。太空安全战略判断是对关系国家太空安全和军事斗争全局的重大问题进行分析、预测、判定并得出结论的过程,是太空安全战略制定过程中战略决策与战略指导的前提和依据,对太空力量运用与全局建设等具有重大影响。

基于此,太空安全战略判断的实质可以理解为透过太空安全及其相关领域纷繁复杂的现象,揭示太空安全领域事物的本质和内在联系,以获得对太空安全战略全局情况的正确认识。其主要目的和任务,是从全局上分析一定时期内国家太空安全与发展面临的国际国内环境,判明太空安全威胁,区分敌友,预测战端,分析力量对比,评估太空安全战略风险,权衡太空安全利弊得失,从而为太空安全领域战略决策与指导提供可靠、客观的依据。太空安全战略判断涉及政治、经济、军事、外交、科技、文化等多个领域和国际、周边、国内多个方面,内容十分丰富,通常包括太空安全环境、国家太空利益、太空对抗特征、太空力量对比、太空战略风险、太空安全威胁等。太空安全战略判断,必须运用辩证唯物主义的世界观和方法论,实事求是,科学地、全面地、系统地、有重点地、前瞻性地分析和认识太空安全领域客观情况,揭示太空战略博弈与军事斗争内在的本质的联系,为太空安全战略的制定与实施提供客观依据。

二、 战略决策

战略决策,是从全局上对太空力量运用与建设等重大问题所作出的决定,是太空安全领域最高层次的决策。其主要任务是,根据战略环境特点、国家利益需求和太空安全战略思想,规定太空战略博弈与军事斗争和力量建设的战略目标、任务和方针,确定太空力量运用的方式和建设途径。战略决策是进行战略规划、实施战略行动的基本依据,直接关系到太空战略博弈与军事斗争的成败,甚至影响到国家的前途和命运。战略决策具有宏观定向和引领作用,具有鲜明的对抗性、巨大的风险性、超常的创造性、高度的时效性、显著的前瞻性等特点。战略指导者在对太空安全战略形势做出准确判断之后,就要对有关力量运用和建设的全局性等重大问题做出决定,包括确定战略目标和任务,制定战略方针,明确战略部署,提出战略措施等方面。战略决策对于太空力量运用和建设有着决定性作用,必须保证它的科学性和有效性。为此,太空安全战略决策过程,应坚持服从大局、审时度势,着眼需要、立足可能,统筹谋划、把握重心,沉着慎重、果断坚定,发扬民主、尊重科学,趋利避害、扬长避短,多手准备、力争主动。

三、 战略规划

太空安全战略规划是把战略决策的内容具体化为战略行动的统筹安排,是连接战略决策与战略实施的纽带,是战略指导的重要环节。战略规划一经确定,就成为统筹指导太空力量运用与全局建设的纲领。具体而言,战略规划即战略决策的具体化,是对太空安全领域一种全局性的中长期设计,其核心是配置调控战略资源,提高太空力量运用与建设效益,并直接规定和约束太空力量的运用与建设。落实太空安全战略,战略规划的表现形式可以从不同角度进行分类。例如,按照规划层级,可分为太空安全总战略规划和分战略规划;按照规划适用范围,可分为力量运用规划和力量建设发展规划;按照专业方向,可分为专业方向规划、重大专项规划和各部门规划;按照规划执行时限,可分为长期战略规划和中期战略规划;按照规划体系架构,可分为发展战略、建设规划、实施计划等。这些类型并不是相互割裂的,而是紧密联系的。

战略规划的表现形式多种多样,但各种规划都有其特定的内容、工作程序和内在要求。一般来说,在做出战略决策之后,就应将其进一步细化为详实的战略规划。太空安全战略规划主要内容包括太空安全形势研判、指导思想、目标任务、总体布局、资源保障、关键步骤、落实举措等方面,制定程序主要包括部署任务、需求分析、调查研究、研究起草、评估论证、颁布实施等环节和步骤。太空安全战略规划的制定,是一项预见性、创新性、对抗性很强的工作,必须从太空安全客观实际出发,统筹全局,开拓进取,坚持需求牵引规划、规划主导资源配置,确保太空安全战略规划的科学有效。

四、 战略实施

战略实施,是为实现战略目标,根据战略方针和战略规划的要求及战略形势的发展变化,运用战略手段进行的战略实践活动。太空安全战略实施涉及太空安全领域的各个方面,内容十分丰富,但归纳起来主要是两大方面:力量建设与运用准备和力量运用实施。正确的战略决策、科学的战略规划、扎实的力量运用准备,为取得胜利奠定基础,提供可能性,但要使胜利变为现实,必须通过太空力量运用实施来实现。太空力量运用实施是通过一系列全局性的太空领域组织指挥活动,正确运用太空力量以及各种手段,完成战略任务,实现战略目标的过程。在新时代的条件下,太空安全战略实施应着重遵循服从政略、积极作为,充分准备、力争主动,统一指挥、联合行动,突出重点、统筹兼顾等原则。

五、 战略评估

随着人类军事实践活动的不断发展,战略评估已成为军事战略指导不可或缺的重要环节,并对战略活动的发展进程产生重大影响。实践证明,进入信息时代后,战略评估的地位、作用进一步上升,战略指导者必须予以高度关注。太空安全战略评估是指运用科学方法对太空安全战略活动进行定性定量相结合的综合评价,并做出相应评估结论的过程,一般包括预先评估、阶段评估和效能评估等,当前呈现出评估主体专业化、评估方式科学化和评估内容多样化的趋势,已成为实施战略管理的重要环节、优化战略决策的重要条件、进行战略调整的重要依据。战略评估的内容涉及太空战略博弈全局和战略活动的全过程,主要包括太空安全战略需求评估,以及太空安全体系评估、战略能力评估、战略风险评估和战略效果评估等类型,涵盖确定评估目的、构建评估模型、准备评估资料、确定评估指标、选择评估方式、组织评估活动、撰写评估报告等过程。

第四章 太空安全体系

太空安全体系是一个规模巨大、结构复杂的体系,开展太空安全体系建设是一项长期而艰巨的系统工程,需要从体系构建、长远发展等角度,按照系统工程论思想,进行综合统筹论证。

第一节 太空安全体系构建

《辞海》把体系定义为"若干有关事物互相联系、互相制约而构成的一个整体,如:理论体系、语法体系、工业体系"。太空安全体系,是由构成太空安全的各个相互联系的部分构成的有机整体。研究太空安全体系,首先要明确太空安全体系的构建原则,提出太空安全体系的构成框架。

一、 构建原则

(一) 要素完整

太空安全体系构建首先要求要素完整。作为新兴交叉领域,太空安全体系构成要素多、涉及范围广,需要从不同层面、考虑各类因素,融合构建要素完整的太空安全体系。

一是覆盖国家安全相关领域。太空安全体系与国家安全息息相关,太空安全体系的构建要素,要能够覆盖国家安全相关各领域。典型地,太空安全要素要覆盖国家政治安全、军事安全、经济安全、社会安全、科技安全等重要领域。一方面,太空安全深刻影响上述国家安全领域,如重大太空安全活动成败影响国家形象和国际地位、重要太空系统安全运行影响国家经济和社会运行等;另一方面,国家安全也会深刻影响太空安全,如国家经济安全影响太空安全领域投资和重大工程实施、国家科技安全影响太空安全实际能力水平等。

二是容纳有形无形两类资产。太空安全体系不但包括各种有形资产,如在轨航天器、地面航天设施、航天工业设施,以及太空安全力量等,还包括各种无形资产,如国家太空安全政策、太空安全运行机制流程等。有形资产是太空安全体系的物质根基,而无形资产则是太空安全体系的制度保障。太空安全体系必须综合有形、无形两类资产要素,才能构建形成内容完备、运行有序、可持续发展的体系框架。

三是牵涉对内对外两类关系。太空安全体系首先要依托国家内部安全体系构建,包括国家太空资产、太空活动及配套法规制度安全,这是太空安全的基本组成部分。同时,在全球化时代,考虑到太空作为全球公域,太空安全必然与国际安全紧密交织在一起,因此太空安全体系必然要牵涉到国际太空安全,需要把国际太空环境也一体纳入太空安全体系范畴。典型地,外空与军控相关领域的太空活动、实践准则等深刻影响国家太空安全,也必须纳入太空安全体系范畴。

(二)体系集成

体系集成,是指依据各类太空安全要素的性质特点,根据需要有机地组合,按照相应机制运行,从而形成一体化的太空安全体系。体系集成是实现太空安全的基本途径。按照系统论观点,体系功能由结构决定,根据结构决定功能的原理,构成体系的各要素对体系整体效能的贡献不是其各自能力的线性加和,结构合理则体系整体功能强大,结构不合理则体系整体功能薄弱,体系集成的本质就是通过合理设计各要素相互作用关系,建立系统联系,形成复杂自适应系统。就太空安全体系而言,不但要保障太空安全体系有形资产之间的要素耦合,更要保证有形资产和无形资产之间的要素耦合,这样才能形成最大整体能力。具体来说,太空安全体系集成应该在三个层次上进行。

一是信息融合。信息融合是指信息技术成为太空安全体系各构成要素的"黏合剂"。各要素通过信息的搜集或产生、处理、传输、分发、使用等密切关联成为整体,从而驱动太空安全体系的有效运行。通过信息融合,可以构建网络化、扁平化的太空安全体系,有助于实现信息共享、提高信息效率,特别是在太空安全事件突发情况下,有效的信息融合能够促进信息快速流转、加快决策速度,提高处置的时效性。

二是功能集成。功能集成就是在信息融合基础上,体系各构成要素功能彼此联合起来,实现功能上的衔接升级、效能倍增。通常情况下,体系单一构成要素只具备部分功能,体系整体功能需要各要素配合才能实现。

体系能力的生成,根植于各种能力要素的有机组合,需要保持功能上良好的整体性和周密的协调性。功能集成要求着眼于整体效益,综合运用各种要素资源,使各要素中每个环节高度协调,从而实现体系整体能力最佳。

三是整体联动。整体联动是指体系各构成要素整体联动、同步运行,使太空安全体系能力凝聚成一个整体,能够随时根据各种情况做出协调一致的反应。当处理常规太空安全事务,或者应急处置太空安全事件时,能够实现情况判断、决心处置、力量行动、效果评估的快速循环和整体联动。整体联动既是体系运行的本质要求,也是能力整体性的客观反映。依托信息技术进行整体联动,可以推动各种要素在同一机制下进行立体同步、高度融合,促使效能整体跃升。

(三)立足现实

立足现实,就是指太空安全体系的构建要面向需求,符合战略安全形势和本国实际情况,可以适当超前,但不能脱离实际。立足现实是太空安全体系能够发挥良好作用的前提。具体来说,立足现实要求基于以下几个方面进行太空安全体系构建。

一是立足太空安全态势实际。太空安全首先要面向威胁,而威胁的呈现方式就是太空安全态势。太空安全体系构建必须以国际、国内当前太空安全形势和可能的发展趋势为着眼点进行统一筹划。例如,当前太空安全态势、太空武器化与战场化形势严峻,太空安全体系就需要立足现实威胁,构建太空安全防御能力;太空法理和军控发展迅速,国际竞争激烈,对太空安全影响很大,就需要构建太空政策法理能力等。

二是立足本国国情体系。本国国情既包括国家制度、文化传统等软的方面,也包括太空力量、航天工业和科技基础等硬的方面。太空安全体系中,涉及政策法规、运行机制等要素,通常都要根据本国国情来制定,要符合本国惯例,不能与上位的政策制度相违背。太空力量、航天工业等决定了维护太空安全的实际能力水平,无法短期跨越发展,这也是科学构建太空安全体系的前提和约束。

三是立足理论创新和客观实践。一方面,太空安全理论来自各种太空活动的科学总结,是指导太空安全体系构建的依据,太空安全体系构建需要以科学的太空安全理论作为指导。另一方面,太空安全体系的构建也需要结合已有的太空安全实践,特别是不能推翻现有的若干太空安全体系构成基础,需要在集成的基础上进行创新发展。

(四)动态优化

太空安全体系是客观存在的,也是不断发展变化的。随着技术的进步、威胁的变化、理论的提高等,太空安全体系的内涵不断丰富,规模不断变大,太空安全样式和行动也不断增多,这就使得由各种要素构成的复杂太空体系要不断演进。

设计高效运行机制是基础。太空安全体系运行机制,是指在太空安全战略目标牵引下,太空安全体系内部各要素运行过程中必须遵循的基本原则和方式方法,它决定着太空安全体系的运行方式,影响体系效率。太空安全活动的多样性、情况的多变性和力量的多元性,要求太空安全体系必须建立顺畅、高效和灵活的机制,综合运用各类要素,提升体系整体应变能力。必须系统、深入地分析太空安全体系支撑条件、力量构成、组织形式、协同方式、时空布局和能力释放过程等因素,探寻和设计体系各要素之间高效运行机制。

实现要素动态组合是关键。针对特定太空安全任务目标,为达成特定任务目的,需要多个太空安全体系要素配合才能完成。尤其是太空安全体系分布范围广、节点运行时效性强、天地一体特点突出,更需要各要素灵活紧密配合。这就要求各要素必须依据一定的运行机制,进行高效、灵活的组合,形成临时稳定的功能单位;目的达成后,这种临时组合关系随即解除,以恢复到初始状态。例如,对于航天器在轨异常的处理,就需要动态组合组织管理、太空力量、技术研发、太空应用等若干体系要素,形成临时性的处置机构遂行太空安全活动,处置完毕后该机构解散。

技术发展牵引是趋势。新的技术发展通常会带来新的太空威胁,同时也会带来新的太空安全实现途径。无论是技术发展带来的威胁挑战,还是发展机遇,都要求太空安全体系进行调整适应。如果能够主动适应技术发展,就能够牵引太空安全体系建设,维护太空安全活动,否则就可能陷入被动落后的局面。

二、 体系框架

太空安全体系可以基于不同角度进行构建,每种角度都有其合理性和可行性。既可以从领域、主权角度,以太空安全内涵的特殊性角度界定太空安全体系框架;也可以从通用性角度,以国家安全体系的通用构成角度界定太空安全体系框架;还可以从太空安全内部横向构成角度,以太空安全活动类别界定太空安全体系框架。

(一)基于太空安全领域内涵的特殊性体系框架

从太空安全自身领域内涵角度,可以把太空安全体系划分为太空军事安全、太空资产安全、太空资源安全、太空活动安全、太空科技产业安全、太空环境安全等6类要素,如图4-1所示。其中,太空军事安全主要是指太空军事威慑、太空攻防对抗、太空态势感知、太空信息支援、太空运行管控、太空规则博弈等各类太空军事行动的安全;太空资产安全主要是指航天器、太空地面设施、太空信息链路安全;太空资源安全主要是指太空轨道、太空频率和太空矿产资源安全;太空活动安全主要是指太空进出、太空利用和太空探索活动安全;太空科技产业安全主要包括太空科技安全、太空产业安全等;太空环境安全主要包括太空自然环境安全、太空战略政策法规和太空交通安全。

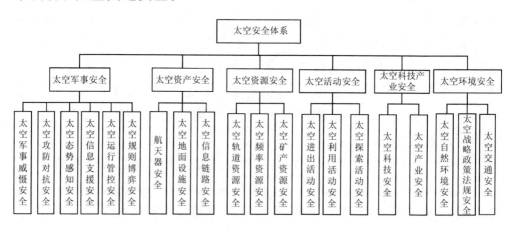

图4-1 按自身领域内涵划分的太空安全体系构成要素

(二)基于国家安全的通用性体系框架

从太空安全体系对应于国家安全各领域角度,可以把太空安全体系划分太空政治安全、太空经济安全、太空军事安全、太空文化安全、太空社会安全、太空生态安全、太空资源安全、太空科技安全等要素,如图4-2所示。其中,太空政治安全指国家拥有自主发挥太空领域活动的政治影响、维护国家地位和形象的状态及能力;太空经济安全指国家在太空领域内借助于太空领域安全获得经济利益的状态及能力;太空军事安全指国家确保太空军事行动实施、不受外部威胁阻碍的状态及能力;太空文化安全指国家能够推行和平利用太空理念、建立本国太空文化并促进其发展的状态及能力;太空社会安全是指太空活动能够保障国家社会正常运行所需的各种太空基础信息服务稳定持续运行、不受外来干扰或破坏影响的状态及能力;太空生态安全指能够保障太空环境安全、在轨航天器等太空资产安全、宇航员等太空生物安全等状态和能力;太空资源安全指太空活动所依赖的轨频资源安全,以及未来太空采矿等新兴资源领域合法权益保障等安全状态及能力;太空科技安全指太空科技自主发展、不受外部技术封锁或制裁影响的安全状态及能力。

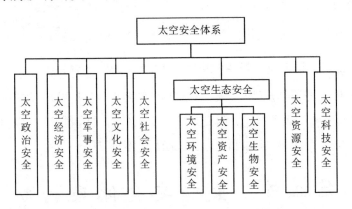

图4-2 与国家安全领域对应的太空安全体系构成要素

(三)基于活动类型的展开性体系框架

从太空安全活动类型角度,可以把太空安全体系划分为政策法规体系、组织管理体系、太空力量体系、技术研发体系、工业生产体系、太空应用体系、人才培养体系等7类要素,如图4-3所示。其中,政策法规体系包括国家太空战略和太空政策,以及规范太空领域活动的航天法规和行业标准;组织管理体系包括组织体系、管理机制,是对太空领域实施管理的国家实体机构、制度及其管理活动;太空力量体系包括军事太空力量,以及民用和商业太空力量,是太空安全体系的主体;技术研发体系包括航天支持、太空系统、太空应用和太空安全4类技术的研发条件和活动;工业生产体系包括材料与元器件生产、部件加工、组装生产和测试,以及生产保障等工业设施和活动;太空应用体系包括太空直接产品,如遥感影像产品、通信链路等的应用,也包括太空基础服务,如太空提供的导航、定位和授时基础服务,还包括星际探索应用,如太空采矿、太空移民等;人才培养体系包括战略人才、管理人才、军事人才、技术人才及应用人才的培养。

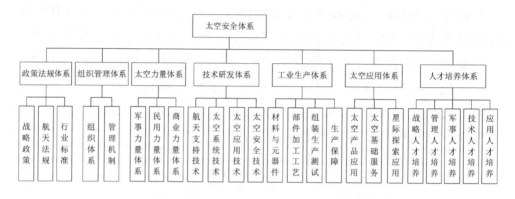

图4-3　按活动类型划分的太空安全体系构成要素

　　无论哪种要素划分方式,太空安全体系各要素之间在功能和运用上都具有很强的协同互补性。在构建太空安全体系时,都应当以要素完备为前提,实现太空安全体系运行稳定,形成整体能力。

第二节　太空安全体系能力

　　太空安全能力,是指国家维护太空安全状态的能力。太空安全能力不能简单等同于太空安全体系各构成部分的能力叠加,而是各部分耦合关联后形成的综合性能力。因此,建设太空安全能力,关键是在建设单项能力基础之上,集成建设体系能力。

　　综合考虑我国国情和当前国际研究领域划分,可把太空安全能力划分为6类,即太空军事安全能力、太空资产安全能力、太空资源安全能力、太空活动安全能力、太空科技产业安全能力、太空环境安全能力,如图4-4所示。

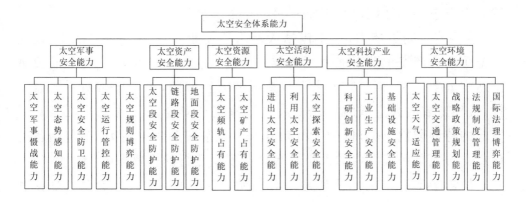

图 4 - 4　太空安全体系能力

一、　太空军事安全能力

太空军事安全能力,是指维护各类太空军事行动安全的能力。太空军事安全能力主要包括太空军事慑战能力、太空态势感知能力、太空安全防卫能力、太空运行管控能力、太空规则博弈能力等。太空军事行动不同于民商性质的太空活动,具有强对抗性、不确定性等特点,对安全能力提出了极高的要求。

太空军事慑战能力,主要包括太空军事威慑能力、太空攻击能力等内容。太空军事威慑和太空攻击行动既可单独实施,也可配合实施。太空军事威慑主要是指以太空军事力量为后盾,通过威胁使用或实际有限使用太空军事力量来震慑和遏制对手,以期迫使对方屈从的军事行动,目的是给对手造成强大军事压力,使其产生顾虑和畏惧心理,从而放弃某种行动。太空攻击包括在太空、向太空、自太空等多种形式,是夺控制天权、反制对手恶意太空行动、降低对手太空系统效能的主要手段。太空军事慑战能力是太空军事安全能力的关键核心。

太空态势感知能力,主要包括太空环境监测能力、太空目标监视能力等内容。太空环境监测主要是指对太阳活动、地磁活动、电离层及中高层大气等太空环境参数进行监测测量,评估太空环境威胁,形成太空环境综合态势,提供太空环境情报;太空目标监视主要是指对各方在轨太空资产及太空碎片等目标进行探测、识别、编目、定轨,获取太空目标轨道、成像、姿态等信息,对太空异动进行意图研判,为太空军事行动提供目标信息支持。太空态势感知能力是太空军事安全能力的基本前提。

太空安全防卫能力,主要包括天基太空军事资产安全防卫能力、地基太空军事资产安全防卫能力等内容。天基太空军事资产安全防卫既要抵御恶劣太空环境、第三方无意干扰造成的太空威胁,更要抵御对手恶意干扰、毁伤造成的太空威胁。地基太空军事资产安全防卫主要是抵御对手发起的特种袭扰、火力打击等行动威胁。太空安全防卫能力,是包括各类信息支援卫星系统在内的太空军事资产安全运行的重要保障。

太空运行管控能力,主要是指对各类太空军事活动进行安全管理控制的能力,包括航天发射、航天器测运控、在轨资产碰撞规避等。航天发射管控主要是严格按照测发控制流程和要求进行质量管控,确保万无一失;航天器测运控主要是合理规划各类航天器和地面测运控网任务运行,掌握航天器运行状态并进行异常处置;在轨资产碰撞规避主要是控制航天器变轨、躲避空间碰撞威胁。太空运行管控能力,是各类太空军事行动安全的内在基础。

太空规则博弈能力,主要是指与对手在法理规则与舆论控制等领域争夺主导权的能力,包括规则主导权博弈、舆论主导权博弈等。规则主导权博弈,主要是与对手在外空军控、太空政策、交战规则等方面开展的博弈斗争,目的是以法理规则方式,保障己方太空军事行动自由,约束对手自由;舆论主导权博弈,主要是宣传己方太空理念和价值观,占领道义制高点,争取世界舆论和道义支持。太空规则博弈能力,是太空军事行动安全的外部保障。

二、 太空资产安全能力

太空资产是指太空功能性运行的物理资产,如卫星、空间站、探测器、火箭、测控系统、地面运控系统、地面发射设施等,不包括管理或产业运营资产,如金融、生产设施等。太空资产安全能力,主要是指维护太空系统自身常态化安全稳定运行的能力,主要包括太空段、链路段和地面段的安全防护能力。

太空段安全防护能力,主要包括航天器碎片碰撞防护、在轨维修等能力内容。航天器碎片碰撞防护主要是防护材料与结构设计,如采用填充式、双层缓冲、多次冲击等防护结构增强抗御碎片撞击的能力。在轨维修主要是通过在轨服务技术对航天器资产进行维修、延寿和升级等操作，提升使用效益。

链路段安全防护能力，主要是信息防护、电磁防护能力。信息网络安全防护主要是通过网络安全协议、信息加密、星上处理等方式，防止数据受到攻击或窃取。电磁防护主要是抵御第三方无意或恶意电磁干扰。

地面段安全防护能力，主要是抗敌火力打击、兵力袭扰、阵地伪装和隐蔽机动的能力。抗敌火力打击主要采取威胁预警、分散部署、机动规避、电磁干扰、阵地加固等被动措施，以及防空反导等主动措施，以御敌攻击。抗敌兵力袭扰主要采取战场管制、警戒防卫等被动措施，抗击敌兵力渗透和袭扰。阵地伪装，主要是对阵地设备设施进行遮蔽、隐藏、示伪等活动。隐蔽机动，则是指武器平台在电磁静默、灯火管制、伪装等状态下的机动行动。这些行动都有助于提高地面设施设备战时生存能力。

三、 太空资源安全能力

太空资源是指太空系统运行或太空经济发展所依赖的太空公共资源，主要包括频率、轨位和太空矿产等。太空资源安全能力，主要是指维持自身太空活动运行和太空权益所需太空资源能力，主要包括轨频占有能力和太空矿产占有能力。

轨频占有能力，是指航天器合法占有无线电轨道与频率位置的能力。通信卫星和导航卫星必须合法占据一定的工作频率，才能正常工作，对于地球静止轨道卫星，还必须申请特定的轨道位置。随着人们对太空开发的逐步扩展，重要的无线电轨道与频率位置越来越稀缺。随着巨型互联网星座的出现，目前低轨的频率轨位也在变得炙手可热。没有合法的频率轨位，航天器就无法正常工作，也就谈不上维护太空安全。

太空矿产占有能力，是指合法占有太空矿产资源并进行开采的能力。未来太空矿产将成为人类资源的重要来源，而太空作为人类公域，矿产争夺将不可避免。美国已经立法鼓励商业采矿，就此趋势来看太空矿产占有能力首先就取决于太空采矿能力，以及维护采矿设备和运输安全的能力。

四、 太空活动安全能力

太空活动安全能力,主要是指开展进出太空、利用太空和探索太空活动的安全能力。太空活动安全建立在太空资产安全基础上,是指执行或完成某种太空功能行动时的安全,如航天发射活动安全、卫星遥感通信活动安全、星际探索活动安全等,但不包括地面经营、生产、管理性活动的安全。

进出太空活动安全能力,主要是指航天发射进入太空,以及从太空返回活动的安全能力。航天发射活动流程复杂,推进燃料均属于易燃易爆品且质量巨大,一旦发生爆炸将造成严重后果。航天发射飞行过程中发生安全事故,容易危及宇航员生命安全,如美国挑战者号航天飞机就是起飞后不久爆炸的。航天发射过程中,运载器逐级陨落的子级也可能危及地面人员和财产安全。从返回角度看,宇航员从太空返回安全风险很大,美国哥伦比亚号航天飞机就是在返回过程中爆炸的。

利用太空活动安全能力,是指其他行业领域进行利用太空活动时的安全能力。随着太空系统应用范围的拓展,世界各国对太空系统的依赖程度在不断加深。美国国土安全部指定的 16 个关键基础设施部门中,就有 14 个依靠卫星导航系统运行。太空安全已经与其他领域的国家安全紧密关联在一起,形成了交叉依赖的安全形势。利用太空活动安全能力,就是指太空系统出现故障情况下,国家利用太空的行业领域仍然能够保持可持续运行的能力,这种运行可能是采用备用手段或降级模式,但不会出现大范围瘫痪或停摆。典型地,2019 年伽利略系统发生故障,导致了一周左右无法提供有效服务,这种情况下依赖伽利略系统的行业领域就必须拥有应急备用手段,才能避免业务运行受到严重阻碍。

探索太空活动安全能力,主要是指进行星际探索活动时的安全能力。目前人类又掀起了新一轮星际探索的浪潮,载人登月、登陆火星,无人探测器探测月球、火星和其他行星等正在成为热门。载人探索首要的是保证宇航员的安全,无人探索则需要保证探测器的安全。探索太空活动安全对任务规划、生保系统、遥测遥控等都提出了极高的能力要求。

五、 太空科技产业安全能力

太空科技产业安全能力,是指从事航天领域研制、生产、保障等的工业企业,保持正常运行的安全能力。太空科技产业是维持太空安全的根基,如果太空科技产业出现安全问题,会直接影响航天产品的生产制造,其后果虽然不是即时显现,但也不容忽视。太空科技产业安全能力主要包括科研创新安全能力、工业生产安全能力和基础设施安全能力。

科研创新安全能力,是指太空科技产业研发新技术和新产品的能力。科研创新安全能力既包括科研创新人员、设施、条件等硬成分,也包括管理机制、激励措施、外部环境等软成分。科研创新安全对太空发展具有极其重要的意义。以马斯克的 SpaceX 公司为代表的新型科研创新体系,采用物理第一性原理开创性地研发出了可回收运载火箭、巨型互联网星座、基于钢结构的星舰飞船等产品,重塑了世界太空安全战略格局。科研创新安全能力正在成为当前维护国家太空安全的焦点。

工业生产安全能力,主要是指太空科技产业企业维持全产业链安全生产的能力。同样,这里的工业生产不但包括太空科技产业生产物资供应等硬成分,也包括企业管理制度、专利产权、资金流等软成分。在当前国际战略竞争激烈的情况下,工业生产安全能力主要体现在全产业链安全能力和可持续盈利能力两个方面,前者是指太空科技产业生产上下游产业链的完备性,这里的完备性不一定要求所有产业环节都是自主可控的,而是指利用国内国外双循环形成多种可靠的组合备用手段,能够保证产业链是完备安全的。可持续盈利能力则关系到工业生产的维持能力,如果不具备可持续盈利能力,太空科技产业生产巨额的资金和人力投入产出比太小,就会成为国家和社会的包袱,丧失持续发展的安全根基。

基础设施安全能力,主要是指航天生产基础设施维持安全状态的能力。太空科技产业生产基础设施是指进行航天系统各组成部分,如航天器、运载火箭、测运控设备、应用装备生产的工厂、车间、测试组装厂房,以及各种生产设备等基础设施的安全性,也包括支持航天生产活动正常开展的物流运输等基础设施的安全。基础设施安全能力既包括这些环境和设备的运行安全能力,也包括持续进行升级改造的能力。在现代技术飞速发展的情况下,如果工业企业设备 3～5 年不进行升级改造,就会丧失比较优势,难以维持长期安全发展。运行安全能力提升主要通过加强安保和管理措施来实现,而持续升级改造则需要通过不断的技术改造和资金投入来实现。

六、 太空环境安全能力

太空环境安全,主要是指国家太空系统运行外部环境的安全。这里的外部环境既包括太空自然环境,也包括战略政策、法规制度、国际形势等人文环境。与此相对应,太空环境安全能力主要包括太空天气适应能力、太空交通管理能力、战略政策筹划能力、法规制度管理能力、国际法理博弈能力等。

太空天气适应能力,是指航天器适应太空自然环境、不被太空恶劣天气所损坏或发生故障的能力。这里的太空天气主要是指航天器在轨道运行时所遇到的自然环境,包括真空、高层大气、电离层、地磁场、地球辐射带、太阳电磁辐射等。高层大气中的氧原子对航天器表面有很强的氧化和剥蚀作用,特别是对复合材料表面、太阳电池阵和表面温控涂层等的影响十分严重,必须采取一定的防护措施。地球辐射带中高能带电粒子可能引发单粒子翻转事件,能导致航天器的各种微电子器件极性翻转或闭锁,破坏电子器件的正常工作。太阳电磁辐射中的紫外线照射到航天器金属表面,使金属表面带电,干扰航天器电系统,使光学玻璃或太阳电池盖片等改变颜色,影响光谱透过率,改变瓷质绝缘物介电性质、热控涂层的光学性能等,影响航天器正常工作。航天器必须具有适应这些恶劣太空天气的能力,才能安全运行。

太空交通管理能力,是指构建整套技术手段和条例规定,提升太空活动安全的能力,目前主要集中在航天器碰撞规避领域。太空交通管理起源于太空碎片和在轨卫星数量的不断增加,使得在轨航天器面临严重的碰撞风险。太空交通管理要求具备较强的太空物体跟踪监视定轨和轨道预报能力、碰撞预警能力、航天器变轨规避能力等,是保证在轨航天器安全运行必不可少的能力。

战略政策筹划能力,是指国家制定太空安全战略政策、科学引导太空安全能力建设的能力。战略政策决定国家太空安全能力长期建设发展,是否能够准确研判形势、适时推行合理的太空安全战略政策,将直接影响或决定国家太空安全能力建设的命运。典型地,冷战期间美国推出了"星球大战"计划,苏联被迫投入巨资进行军事应对,这间接导致了苏联财政状况急剧恶化,最终解体。因此,战略政策筹划能力,是影响太空安全的重要因素。

法规制度管理能力,是指国家按照既定战略政策,制定合理的法规制度,并通过各级机构进行科学管理,使各项太空活动有序进行的能力。管理水平的高低,直接影响太空安全能力建设的效率和效益。健全的法规制度有助于规范行业行为,而灵活的管理体制则能够推动各项太空活动高效开展,这也是太空安全的制度保障。

国际法理博弈能力,是指国家为维护太空安全,与其他国家或地区开展国际太空法理博弈,维护自身合法权益的能力。当前国际太空法理斗争十分复杂,围绕碎片减缓、太空武器化、太空交通管理等议题,各方都试图占据主导地位,主导外空新秩序,塑造有利于自身的太空战略格局。增强国际法理博弈能力,是推动世界太空安全,维护自身合法权益的重要环节。

第三节　太空安全体系发展

直面新形势、新挑战,必须以总体国家安全观为指导,着眼国家安全全局与长远发展,从战略高度加强太空安全能力科学筹划,加快推进国家太空安全体系发展,塑造太空安全发展新业态。

一、 太空军事安全发展

太空军事安全发展,主要包括太空军事慑战能力、太空态势感知能力、太空安全防卫能力、太空运行管控能力、太空规则博弈能力 5 类能力的发展。

一是提高太空军事慑战能力。突出自太空、向太空、在太空全方位的太空慑战能力建设,以慑遏战,以战强慑。以太空制胜机理和维护太空安全需求为牵引,带动太空慑战能力发展。突出关键太空军事能力建设,发展多种杀伤手段,加快力量建设和部署,创新战斗力生成模式,加强实战化训练演练,不断提高太空慑战能力。

二是提高太空态势感知能力。突出海量太空目标搜索编目、太空异动感知和威胁研判等新质能力建设,增强感知太空战场态势、发现太空军事异常、研判太空恶意行为、溯源对手太空攻击源头等能力,为维护太空军事安全提供情报保障。

三是提高太空安全防卫能力。结合太空资产安全能力建设,针对太空军事安全特殊需求,有针对性地进行太空军事资产安全防卫能力建设。综合采取多种主被动措施,对高轨战略卫星进行安全防卫。通过采取弹性架构和补充发射等途径,提高低轨卫星星座的战时生存能力。

四是提高太空运行管控能力。充分预想战时可能出现的天基资产、地面航天设施遭袭受损,影响太空军事行动正常开展的情况,加强太空要素不完备、太空体系不健全条件下的应急运行管控能力建设,确保各类太空军事行动能够按要求实施。

五是提高太空规则博弈能力。结合太空环境安全能力建设,突出太空军事资产和太空军事行为性质认定、太空恶意行为判定、战略性太空资产防护等太空交战规则焦点问题,以人类太空命运共同体的价值观塑造为牵引,占领道义和舆论制高点,引导乃至主导太空规则制定。

二、 太空资产安全发展

太空资产安全发展,主要包括太空段安全、链路段安全和地面段安全三类防护能力的发展。

一是提高航天器主被动防护能力。其中,被动防护主要是通过采取加固太空系统节点,增加部署数量等措施,提高航天器抗御太空环境的威胁,重点是做好风险评估与防护设计、防护材料与防护结构撞击设计、部件分系统失效模式与失效准则制定、太空碎片环境建模及撞击诊断与修复能力建设,航天器抗空间电磁环境电子设备高压击穿、器件烧毁、干扰等破坏实施加固,提高抗御碎片撞击、空间环境和恢复能力。主动防护主要是采取应急发射、在轨维护、区域组网、分散部署、冗余备份等措施,增强航天器群体弹性和抗毁能力,重点是提高在轨维修、燃料加注、在轨模块等保障航天器持续运行的能力。

二是提高链路段防护能力,重点是提高链路段抗电磁干扰、网络攻击的能力。对于抗电磁干扰,需要加强电磁环境监测和干扰源排查能力,卫星抗干扰的捷变频、点波束、天线调零等能力;对于抗网络攻击,则主要是采取信源加密、防火墙等方式增强防护。信源加密即对信源采取保护措施及对信源发送的信息明文或代表明文的电信号进行加密,防止消息被非法截获或破译的保密方式;防火墙则是在计算机网络的内、外网间建立相对隔绝的保护屏障,确保网络和信息安全的软件和硬件设施,主要功能包括入侵检测、网络地址转换、网络操作的审计监控、强化网络安全服务等。

三是提高地面段防护能力。地面段主要包括地面测运控站、数据存储处理中心、指挥控制中心和各种业务中心等。太空体系维持正常运行首要的是地面测运控站能够构成测运控网、协调工作,因此提高地面段防护能力首先要提高地面站网的稳定组网运行能力,主要措施是加强网络防护、确保各站点之间通信链路畅通。其次,需要增强地面段重要节点的安全防护能力,如采取多中心冗余备份、加固、电磁防护等措施,抗御自然灾害、无意干扰或有意破坏。最后,还应当加强警戒防护,对重要的地面目标采取警戒防卫、阵地伪装、隐蔽机动等措施,提高平时抗暴恐袭击、战时生存能力。

三、 太空资源安全发展

太空资源安全发展,主要包括抢占轨频资源、布局太空采矿等方面。

抢占轨频资源。卫星轨频资源极为宝贵,因此国家应从战略高度加以谋划,在航天规划的指引下,及时制定各类卫星系统总体规划,抓紧申报卫星轨频资源。除了为科学研究、载人航天等需要而研发相应的必要的科学试验卫星,以及用于深空探测的卫星外,要重点发展应用卫星,包括气象卫星、资源卫星、军用卫星、海洋卫星、导航卫星等,与之相对应的则是积极申报卫星轨频资源。因为卫星轨频申请需要的时间很长,这就需要根据卫星总体规划,对卫星轨频资源进行缜密规划,分析卫星轨频需求,制订我国卫星轨频申报与使用的中长期规划。在卫星立项、论证阶段的同时,开展卫星网络文档的申报,并及时进行相关协调。

布局太空采矿。随着发射运载技术和能力的提升,未来人类进出太空成本大幅下降,太空采矿将很快变得有利可图,围绕月球和富矿小行星的资源争夺将日趋激烈。我国已经成功实施嫦娥工程,应当在此基础上,抓紧进行月球及地球临近小行星矿产资源勘查,提前布局太空采矿关键技术攻关和装备研制,适时建设太空采矿基础设施,推进太空采矿和运输能力建设。

四、 太空活动安全发展

太空活动安全发展,主要是指提高进出太空、利用太空和探索太空活动安全性,重点是加强太空任务保证能力和太空软实力建设。

要加快发展太空军事能力。维护国家太空安全,根本要求就是捍卫国家太空权益,保护国家太空活动不受来自太空的威胁与挑战,而这一切都有赖于太空军事能力。美国和俄罗斯之所以被称为太空强国,在很大程度上是他们都拥有实力强大、体系健全的太空军事能力,并在其各自的国家军事体系中扮演重要角色。要以"能打仗、打胜仗"为根本目标和指导,着眼太空技术与军事长远发展,全面推进太空军事能力建设,大力加强太空军事理论创新、指挥信息系统研发和作战训练条件建设,尽快实现我军太空力量由主要遂行科研试验与信息保障任务向遂行太空安全防卫与信息支援为主的历史转型,为维护国家太空安全提供战略保障。

要加强太空软实力建设。主要是提高包括太空知识普及、太空文化传播、太空国际合作和太空国际规则制定在内的软实力建设。在全社会普及太空知识、传播太空文化是增强全民太空安全意识的有效途径。太空技术与应用国际影响大,太空国际合作是国家软实力建设的重要载体,要以卫星导航产业化、载人航天和深空探测国际化为主线,以"一带一路"地区为重点方向,大力推动太空领域国际合作,服务国家"走出去"战略,提升我国在国际政治与外交领域的影响力。要以提升在太空国际规则制定中的话语权为目标,围绕避免太空武器化、碎片减缓等热点问题,积极参与乃至主导全球太空安全治理各种机制与平台,主动发出维护全球太空安全的中国声音。

五、 太空科技产业安全发展

太空科技产业安全是太空安全的基础。太空科技产业安全发展,主要包括建立太空科技创新和工业体系,发展航天产业,培养太空科技产业人才三个方面。

要加大太空领域投入,建立先进、自主、健全的太空科技创新与工业体系,夯实维护国家太空安全的基础支撑。顶层规划建立基础研究创新、需求导向创新和跨行业领域创新机制。在基础研究创新方面,加快构建基础性科学创新的长效投资机制,加速实现创新驱动发展。在需求导向创新方面,发挥我国集中力量办大事的体制优势,实施一批重大科学项目和重大专项牵引技术突破,解决长期卡脖子的先进火箭发动机、可重复使用运载器等技术难题,减小边缘创新投资力度。在跨领域跨专业创新方面,充分利用智能化大数据应用带来的直接、间接探测手段创新,推动新需求带来感知手段跨越,实现行业与专业的融合创新;鼓励支持不同行业领域跨界发展航天创新。

要发展航天产业化,促进太空科技产业可持续发展。打破现有垄断体制,不断完善市场化竞争机制,鼓励相关行业企业跨领域发展航天产业。通过市场化竞争降低航天活动成本,推动航天技术服务于社会和国民经济的各行各业。进一步放开准入门槛,深度发展军民融合,鼓励跨界企业进入航天领域,打造新型的航天业界形态,推动航天产业创新。加紧推进商业航天发展,从国家层面加强商业航天发展政策引导,健全完善市场准入等政策法规体系,既能节省国家投资,又能推动航天产业化发展,促进技术创新。合理界定不同所有制性质航天企业的定位和分工,加快明确商业航天活动的准入条件、实施制度,充分发挥市场在资源配置中的决定性作用,确保商业航天领域多种市场主体参与,公平公正开展竞争。

要全方位培养太空科技产业人才。太空领域高新科技密集、人才层次高,属于与国家安全紧密相关的尖端行业,人才队伍的高度与厚度决定国家太空安全的根本竞争力。要以国家重大航天工程和型号任务为牵引,着力培养以航天型号总指挥、总设计师为代表的高层次战略科学家队伍,造就引领国家太空安全长期可持续发展的人才队伍。要培养一批大国工匠型人才,为航天产品生产、加工等工业化活动提供大批技能型人才。

六、 太空环境安全发展

太空环境安全发展,主要是加强国内太空战略政策谋划、抢占太空资源、增强国际太空法理博弈能力。

要实施"太空优先"的国家战略。太空正在成为国家经济发展的新兴领域、技术创新的突破领域和军事斗争的关键领域,对于国家长期持续发展、实施科技兴国战略和维护国家利益具有不可替代的作用。同时,太空安全体系建设规模大、投入大、风险高,需要实施国家战略,集中优势力量以取得突破、赢得优势。为此应确立"太空优先"的国家战略,并从政策法规、制度创新、资源配置等方面全面贯彻落实。国家应当通过出台战略政策等方式,确立太空优先发展的战略定位,进一步加强太空领域管理,健全国家太空领导管理体制,为太空安全能力建设提供坚强有力的制度保障。

要加强太空交通管理。随着人类太空活动的逐渐频繁、增多,太空碎片碰撞风险不断加大,太空电磁干扰问题日趋严重,太空交通管理已成为确保太空活动安全和可持续发展的必然要求。太空交通管理是以规则博弈的形式开展的太空控制权争夺,是未来影响国家太空安全的重要因素。加强太空交通管理,首先是要加强太空交通管理基础设施能力建设,重点是发展太空态势感知、航天器管控、空间操控等能力,提升太空交通管理所需的实时态势感知、违法行为取证、问题故障溯源、航天器在轨强制管理等能力。其次是要依托现有和规划的技术能力水平,设计太空交通管理规则,主要包括信息采集和通报、太空行为准许和禁止、太空事故处置和责任认定、太空行为体标准规范等。最后是要推动乃至主导国际社会共建太空交通管理体系,既要在理论上构建完善太空交通管理的法理体系,更要在规则、技术、资源、设施、资金、人力等方面,推动国际社会达成共识,共同建设和遵守太空交通管理体系,践行太空人类命运共同体的理念。

开展国际太空法理博弈。以卫星频谱争夺为例,要扩大中国在国际电联中的话语权,中国专家进入国际电信联盟各部门的领导层,参与或主导相关规则的制定。当前中国来自高校、研究机构、知名企业的专家已全面进入国际电信联盟不同领域,对于促进中国在更高层面上参与国际电联活动,扩大中国在国际组织中的影响,维护中国无线电频谱和卫星轨道资源正当权益,增强中国在国际无线电频率协调和规则制定、无线电标准领域的话语权等,都产生了积极意义和深远影响。越来越多的中国专家进入国际电信联盟,担任多个部门的主席、副主席,以及国际电信联盟秘书长等职务,对提升中国在国际无线电领域的话语权具有重大推进作用,也体现了中国无线电标准与技术不断增强。中国增强在国际电信联盟中的话语权,不仅可以为中国谋取更多的卫星轨频资源,也可以为广大发展中国家谋取更多的此类资源。

第五章　太空安全管理

太空安全管理是太空安全学的重要组成部分,它服务于太空安全目标的实现,涉及管理学、战略学和国家安全学等多个学科。太空安全管理研究的主要内容是太空安全管理的基本内涵、职能任务、主要活动和方法手段等。近年来,随着全球太空安全问题日益突出,国际社会对太空安全管理愈加重视,各主要航天国家在加强太空安全管理研究的基础上,进一步加强了实践探索。

第一节　太空安全管理的概念

太空安全对国家安全和发展利益具有重大影响,太空安全管理具有明确对象和特殊内涵,因此,理解太空安全管理应从太空安全管理定义、性质、任务和范畴及地位、作用等入手。

一、　太空安全管理的内涵

太空安全管理是太空安全组织及其工作人员为防范、消除或缓解太空安全威胁与损害,遵照太空安全实践规律和相关法律法规,建立和维持太空安全状态与能力所经历的过程和进行的活动。因其管理十分复杂、科技含量高、涉及面宽,内涵十分丰富。

(一)太空安全管理的主体

太空安全管理的主体是在太空安全管理中承担管理职能并组织领导所属机构和人员开展太空安全管理活动的组织机构及其所属工作人员。广义的太空安全管理主体也包括与太空安全相关的其他国家机关、社会团体、非政府组织、企事业单位和公民及相关国际组织等实体;狭义的太空安全管理主体即指国家太空安全组织的管理机构和人员。通常情况下,太空安全管理主体多指狭义范畴的国家太空安全组织。

（二）太空安全管理的客体

太空安全管理的客体是太空安全管理主体实施太空安全管理行为所指向的对象。从当前维护太空主权、安全与发展利益需求,太空安全管理的对象主要包括太空资产、太空环境、太空资源、太空信息、航天领域产品和技术等。太空安全管理主体和客体通过太空安全管理活动相联系。

（三）太空安全管理的目的

太空安全管理的目的是太空安全管理主体开展太空安全管理活动的终极价值取向。管理主体在管理活动全过程的不同阶段,对不同类型的太空安全管理有着不同管理目标,但终极价值取向是维持太空安全状态和形成太空安全能力。太空安全管理分总目标和阶段性目标,太空安全管理的阶段目标必须服从和服务于总目标,并依据太空安全管理绩效评价的标准体系进行评价。

（四）太空安全管理的活动

太空安全管理的活动是太空安全管理主体,围绕太空安全目的依法采取一定的管理方法所开展的具体行动过程和内容。太空安全管理活动通常具有计划性,贯穿管理决策、实施和评价的全过程。与其他管理活动不同,太空安全管理活动既具有战略管理的宏观特性,又具有重要阶段、关键环节管理的微观属性。

（五）太空安全管理的方式

太空安全管理的方式是太空安全管理主体在太空安全环境、太空安全保障能力等条件下,依法开展太空安全管理工作的形式、办法和措施等。管理主体依法开展太空安全管理工作是法治国家的要求和体现。所依据的法律法规包括国际法、国际或地区协定、主体归属国的法律,等等。

太空安全管理是一种动态性的管理活动和过程。随着太空安全环境的变化,太空安全管理主体(尤其是国家主体)在以太空安全保障能力为条件的基础上,太空安全管理职能、方法和手段都将调整变化。太空安全管理主体应当不断提升自身管理能力和水平,以有效应对太空安全环境变化带来的挑战,达成太空安全管理目标。

二、 太空安全管理的性质

作为管理科学在太空安全领域的具体应用和体现,太空安全管理研究和实践管理科学中的理论、职能、原则、方法、形式和制度等内容,体现管理中的三层含义:一是对太空安全事务开展有意识、有组织、有计划的群体活动;二是太空安全管理的动态协调过程贯穿管理过程的始终;三是始终围绕太空安全这一共同目标进行。根据马克思的《资本论》和《马克思恩格斯全集》关于劳动、监督劳动和指挥劳动的论述,结合管理学原理,通常管理具有二重属性并通过监督和指挥两种职能来表现。

(一) 太空安全管理的自然属性

太空安全管理活动由太空安全管理工作引起,体现自然属性,是有组织的安全实践活动,是人与人之间的分工协作。它反映了太空安全管理具有社会化、职能化、专门化的特点。

(二) 太空安全管理的社会属性

太空安全管理主体具有阶级特性,代表太空安全主体的阶级利益,通过行使管理职权,开展太空安全管理决策、计划、监督和控制调节等各环节活动,承担维护和实现该利益的太空安全管理职能。

三、 太空安全管理的任务和分类

(一) 太空安全管理的任务

太空安全管理的任务是有意识、有组织、有计划地管理太空安全事务,总目标是实现并保持太空安全状态,形成并提高太空安全能力。太空安全管理的任务通常包含三个方面:一是太空安全目标管理,主要是对所要达到的安全状态目标、安全保障能力目标进行评估与制定,并依据太空安全目标对太空安全管理工作进行督导与绩效评价等。二是太空安全运行管理,包括事务性运行管理和业务性运行管理,核心是太空安全组织领导。事务性运行管理是针对太空安全管理事务与活动的筹划与决策、组织与领导、控制与协调、监管反馈等;业务性运行管理是针对太空安全具体问题的管理,包括太空资产、太空资源、太空活动、太空科技、太空产业、太空交通、太空军事等方面的安全管理。三是太空安全人力资源建设与管理,主要是对太空安全事务所涉及的人才队伍规划、招录、培养、选配、使用、评价、保障等建设管理活动。

（二）太空安全管理的分类

太空安全管理的类型与具体管理任务和过程有一定关系。从管理层次上来讲,既有宏观管理,也有微观管理,具体可分为太空安全战略管理、一般事务管理、太空安全技术管理等;从管理环节或时机上来看,可分为事前预先管理、事中实时管理和事后跟踪管理;从管理时空和链条上来分,可分为全过程管理和分阶段管理;从太空安全事务的类型上来看,分为人员管理、运行业务管理、资产管理、权益管理、能力管理和风险管理等;按照管理表现形式,可分为前台式管理和后台式管理。

四、 太空安全管理的意义

太空安全管理对于处理太空领域的人与人、人与社会、人与自然三者关系具有现实意义。

（一）有助于合理制定太空安全目标和实施科学决策

太空安全管理需要正确评估主体所处内外部环境和面临的机遇与风险,根据资源和能力的客观实际,确定所能达成的太空安全状态和能力目标,并依此就如何通过筹划和计划、组织和领导、控制和协调等达成目标,如何组织实施一系列管理活动等重要事项作出正确的决策,建立一系列机制和措施。这是太空安全管理的首要价值和内容。

（二）有助于统筹太空安全管理资源与能力发展

太空安全管理的关键在于对管理资源与管理能力的调配运营。太空安全管理通过评估管理资源的战略价值,根据主体的可用能力开展,实现太空安全目标、管理资源和保障能力之间的优化匹配,有效达成太空安全目标。这也是太空安全管理的重要内容。

（三）有助于提升太空安全人力资源建管效益

人是处理一切事务矛盾最具价值的能动因素。太空安全管理的生产力价值能否实现,太空安全状态目标能否达成,太空安全能力水平能否形成,均取决于作为太空安全管理最终主体而存在的人的主观能动性。太空安全人力资源水平反映作为主体的人的整体状况。太空安全管理通过对管理者进行人力资源规划、人员培养、使用、评估等,提高人这一管理主体的能力素质和业务水平,从而提高人力资源的整体水平,为达成太空安全目标、增强太空安全能力提供支持。

第二节　太空安全管理职能

太空安全管理职能是指太空安全组织及其工作人员在从事太空安全管理活动与过程中所承担的责任和义务。太空安全管理职能既是太空安全管理活动的任务内容和过程的总体概括,也是太空安全组织及其工作人员的基本价值取向。本节在阐述太空安全管理基本职能的基础上,结合太空安全管理任务重点对太空安全目标管理、太空安全组织领导和太空安全人力资源进行论述。

一、　太空安全管理的主要职能

国家作为太空安全事务的管理主体,以维护国家利益为目标,行使国家安全职权,通过有效发挥计划与决策、组织与领导、控制与协调、监督与督导、激励与创新等功能,有意识、有组织、有计划地实施管理活动,以实现太空领域共同利益安全。

(一) 计划与决策职能

太空安全管理的计划与决策职能是对太空安全重大问题进行筹划和决策。计划与决策职能通常由确定太空安全管理目标、预测影响目标实现的因素、制定实现目标的途径与措施、对多种方案计划进行决策优选、下达计划等若干主要步骤组成。应特别注意的是,在太空安全管理的筹划和决策中,科学研判太空安全形势与影响因素,正确预测未来趋势,是方案决策优选和制定目标的前提与基础。

在国家太空安全管理中,国家太空安全组织依法拥有管理国家太空安全事务的公共权力和公共资源,处于主导和支配地位,负有太空安全问题筹划与决策的职权。不同性质和层级的国家太空安全组织在国家太空安全管理活动中拥有不同地位,发挥不同作用,具有不同的决策职权。国家太空安全组织是国家太空安全管理的宏观计划和决策主体,相关的国家机关和政府部门、军事机构、企事业单位、社会团体、非政府组织、合法公民也可依法积极参与国家太空安全决策。

（二）组织与领导职能

太空安全管理的组织与领导职能是管理主体根据决策目标和任务,将人力、物力、财力、时间、信息等各种资源进行制度化安排,配置到太空安全管理工作中。组织与领导职能包括组织职能和领导职能两个方面,二者既密切关联又有所区别。

1. 太空安全组织职能

太空安全组织职能涵盖两个方面:一是构建统一有效的管理运行系统,按照管理决策目标,合理设置机构,建立管理体制,规定各级职能机构的权责与作用,合理选配人员。二是保证管理职能的正常发挥,根据分阶段或各时期的目标与任务,合理调配和使用人力、物力、财力等资源,取得最优社会经济效益。其中,人是组织职能和系统中最重要的资源,本质上是人力资源管理问题。领导者和组织成员是承担组织职能与领导职能的最核心的主体。

2. 太空安全领导职能

太空安全领导职能的重点是领导和指导,内容包括规划目标,制定规范,选拔配备人才,指挥和控制管理活动,通过激励和沟通等手段调动组织成员的积极性,协调组织内外的关系,开展教育和创新等,从而促成管理目标的实现。

在国家太空安全管理中,组织与领导是制定、执行决策和对决策效果进行监管。依法行使太空安全事务的管理职权,通过各种资源的组合匹配与运行调度产生管理效能,最终实现太空安全管理的决策目标。

（三）协调与沟通职能

太空安全管理的协调与沟通职能是围绕管理决策目标,依托管理运行系统,通过相互交流沟通不断协调相关涉事方的立场、观点和行为以达成组织领导和控制效果。协调与沟通的范围包括主体所在组织的内外部、上下级和友邻等。协调与沟通工作贯穿太空安全管理活动的全过程,结合太空安全管理任务,内容总体上包括围绕太空安全管理目标,运行和人力资源建设与管理等。

在国家太空安全管理中,协调与沟通职能是国家太空安全组织和人员依法行使太空安全事务管理职权的体现,也是管理的具体方法手段,有利于统一国家太空安全管理目标,防止和减少管理内耗现象发生,培养各级管理主体合作精神及提升管理效能。在国家太空安全组织依法开展太空安全事务的协调与沟通工作时,涉事的其他国家机关和政府部门、军事机构、企事业单位、社会团体、非政府组织、合法公民也可依法积极配合或参与相关事务的处理。

(四)监管反馈职能

太空安全管理的监管反馈职能是对偏离太空安全管理目标的行为、认识和事件等进行监控、审查、评估、督导、校正并反馈。从控制论的角度而言,监管反馈职能应属于通用管理职能中的控制职能。

在国家太空安全管理中,国家太空安全组织依法对太空安全事务开展监察督导,既是行使太空安全事务管理职权的体现,也是管理方法手段的具体表现。太空安全监管反馈职能能够有效防止或消除太空安全管理存在的隐患,减少或杜绝管理失误现象发生,是完善和提高管理决策、组织和协调水平必不可少的环节。在国家太空安全组织依法开展太空安全事务的监察督导工作时,应鼓励相关国家机关和政府部门、军事机构、企事业单位、社会团体、非政府组织、合法公民参与相关工作。

二、 太空安全目标管理

太空安全目标管理是对所要达到的安全状态目标、安全保障能力目标进行评估和制定,并依据太空安全目标对太空安全管理工作开展督导与绩效评价等活动。二者是太空安全管理的一个闭环反馈过程。

(一)太空安全目标

太空安全目标是一定时期内太空安全组织的管理活动预期要达到的成果或结果。从太空安全的基本定义看,太空安全目标包括太空安全状态目标和保障能力目标两个方面,它是太空安全管理方针和战略的具体表现,是太空安全管理活动的起点和归宿,也是太空安全组织开展太空安全事务管理的客观需要,具有方向性、综合性、阶段性、数量性、时间性、可分性等特点。太空安全目标从对象类别上包括组织整体目标、部门目标和人员具体目标;从内容构成上包括总目标和各方向分目标;从时空关系上包括总体目标和阶段目标(短期、中期和长期)等,它们共同构成太空安全目标体系。太空安全目标评估与制定是太空安全目标管理的重点,也是太空安全决策的内容,属于计划与决策职能的范畴。

(二) 太空安全目标管理的原则

目标管理是现代管理的重要思想和方法,显示出较强的优越性。但任何事物都具有两面性,只有在太空安全目标管理中扬长避短、改良适应才能更好地为太空安全管理提供支撑。

1. 注重创新管理

太空安全目标管理是现代新思维的创新管理,应当加强管理者的教育和转型,从封闭型、经验型管理向科学开放式管理转变,从"危机式管理"转向目标导向管理,从"压迫式管理"转向科学民主管理,从集权管理转向分权管理,从事务型管理转向成果绩效管理等。要加强目标管理的组织领导,强化目标论证、咨询、协调、控制等全过程指导与组织,重点解决目标确定、奖惩兑现、环境条件评估等问题。

2. 注重目标牵引

太空安全目标管理具有目的性、系统性、层次性、科学性和成果导向等特点,目的性和系统性由太空安全目标的特性本身决定,层次性由目标的构成决定,科学性体现目标制定决策和实施过程的合理程度,成果导向是目标管理的落脚点,是太空安全管理活动督导与绩效评价的依据。

3. 注重统分结合

太空安全目标管理应当遵循总分合原则、可考核原则、先进可行原则和功能优化原则。统分合原则要求太空安全目标管理局部服从全局,将整体目标分解为单部门的局部分目标,由局部分目标的实现保证总体目标的实现;可考核原则要求目标具有可量化指标,指标涵盖直接量化和间接量化方式;先进可行原则要求目标既要有挑战性又要从客观实际出发,成果和方法路径辩证统一且具有创新性;功能优化原则要求目标管理注重优势发挥和整体配合。

(三) 太空安全目标管理的基本程序

太空安全目标管理是一种以目标为中心的管理过程,基本程序为计划、执行和总结三个阶段,相应工作任务即为目标制定、目标实施与督导和目标考评。太空安全目标程序基本程序如图 5-1 所示。

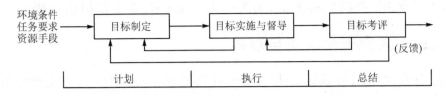

图 5-1　太空安全目标管理基本程序

1. 太空安全目标的制定

太空安全目标制定工作主要分为确定目标、目标展开、签订目标责任书等。确定目标应当充分考虑太空安全管理的内外部环境、主客观条件、资源支持和能力状况等因素,基本步骤为目标提出、目标论证、目标修正、目标优选,目标应当清晰明确,在计划时间内具有可完成的基础。目标展开是自上而下、逐层细化和确保实施的过程,可按管理层次、按业务关系、按时空序列等多种方式执行,形成相互衔接、层层铺开的系统性目标展开图,目标展开图的内容通常包括方针、分目标、细化目标、对策措施、责任者、进度计划等。

2. 太空安全目标的实施与督导

太空安全目标实施与督导主要由咨询、协调、控制等部分组成。目标咨询与协调工作的主要内容为:管理状况调查与研究,问题分析和改善方案的提出,重大问题处理协助,目标执行情况通报,资源调度与使用协调等。目标控制主要包括自我控制、逐级控制、越级控制三种方式,通常采取图表控制、标准控制、信息控制、质量控制、网络控制、滚动控制、因素控制、趋向控制和动力控制等方法进行,控制的结果是目标调整和修改。

3. 太空安全目标考评

太空安全目标考评旨在检查和测量目标管理结果与实现程度,进而找出偏差并为改进提供依据。目标考评的重点是太空安全管理工作的绩效评价,是监管反馈工作的重点内容,也属于监管反馈职能的范畴。考评实施应当遵循目标责任与实际成果一致性、公正客观、成果与效益导向、逐级考评等原则。目标考评方法主要有单项定量考评法、单项定性考评法和总目标考评法,定量考评应当科学确立考评指标体系,合理设置分目标,科学设计计算模型;定性考评应充分吸纳领域专家经验,采取集体评价方式实施。太空安全目标考评还应做好考评结果的使用，将考评结果纳入奖惩依据，总结经验教训，为改进太空安全管理工作提供支持。

三、 太空安全组织与领导

太空安全组织与领导是太空安全管理的核心职能之一，也是太空安全运行管理的重点内容，包括太空安全组织和太空安全领导两个方面，二者都是实体和功能的有机结合体。太空安全组织的类型和形式不一而同，职能部门和机构的职能通过组织活动具体体现；太空安全领导活动的核心要素为太空安全的领导体制、领导功能、领导者、领导权力与责任、领导方式方法等。

（一）太空安全组织

太空安全组织应具有结构、人员和活动三方面含义。组织的结构就是发挥组织职能的管理运行系统，包括人、机构、体制、权责规定及其间的特定运行关系所构成的有机集合体；组织的人员是依托组织的结构开展组织活动的主体，太空安全组织的运行必须依靠人来实现，人力资源建设和人事管理是组织极其重要的组成部分；组织的活动就是发挥组织职能的管理功能及其活动过程，即基本运行职能中的计划与决策、组织与领导、协调与沟通、监管与反馈等。

国家太空安全组织是太空安全组织中一种以国家为管理主体的具体形态。由此，国家太空安全组织是国家为行使太空安全管理职能、实现太空安全管理目标，依照法律规章建立并围绕太空安全开展一系列协调活动的职能实体。国家太空安全组织作为国家安全组织的重要组成部分，除太空安全组织的两个基本含义外，还涵盖以下内容：一是国家太空安全组织从事太空安全管理的手段是国家公权力。国家太空安全是国家安全的重要领域，国家太空安全组织代表国家和人民管理太空安全事务的公权力源于国家宪法，具有国家法定的权威。二是国家太空安全组织有权依法支配和运用公共资源。国家太空安全组织发挥管理职能要以行使法定职权调度公共资源为前提，这是开展管理活动和达成管理目标的基础。三是国家太空安全组织提供的太空安全产品是公共物品。国家太空安全组织通过管理生产太空安全产品和保障安全的能力，是国家和人民共同拥有的生产力价值，归全社会和全民共同所有。四是国家太空安全组织的活动和行为价值取向是公共利益。国家太空安全组织代表人民依法行使国家安全职权，开展太空安全管理活动并产生太空安全公共产品，服务于最广大人民和国家制度，是国家公共利益。

1. 组织类型

太空安全组织可依据不同标准分为不同类型。通常，按照组织的性质和形成基础，太空安全组织可分为正式太空安全组织和非正式太空安全组织。正式太空安全组织是指具有法定地位、按照法定程序建立的组织。正式太空安全组织有明确的组织目标，有相当稳定的组织结构，内部有明确分工，组织成员的义务、权力和责任有明确规定，上级对下级拥有强制性权力，以明确制度规范、组织成员的行为等。非正式太空安全组织是由共同价值观或情感、共同利益自发形成的团体，不具有法定权利和地位，结构具有不稳定性，但能够形成领域影响力和实际号召力。非正式组织既可以作为正式组织的补充，弥补太空安全管理功能不足，协助开展事务管理，但也可以阻碍甚至破坏正式组织的功能发挥，对太空安全事务管理形成负面影响。现代管理者必须重视非正式太空安全组织的管理和引导。

按照组织的地域规模和行政属性，太空安全组织可分为国际组织、区域性组织、国家组织和国内组织。根据以上分类，联合国外空委、国际电信联盟（ITU）属于正式的国际组织，欧洲太空局（ESA）、欧洲太空政策研究所（ESPI）属于正式的区域性组织，美国航空航天局（NASA）和太空发展局（SDA）、俄罗斯国家航天局、中国国家航天局属于正式的国家组织，美国太空基金会（SF）、空天公司（ASC）、兰德公司（RAND）、安全世界基金会（SWF）、战略与国际研究中心（CSIS）等太空智库属于非正式组织。

国家太空安全组织属于正式的国家组织，是承担国家太空安全管理职能的主体。根据组织机构的职能和作用，可分为国家太空安全领导机构、国家太空安全管理职能机构、国家太空安全情报机构、国家太空安全咨询机构等。国家太空安全领导机构是太空安全战略决策与统帅机关，如美国国家太空安全委员会是美国太空安全事项的国家最高决策组织。国家太空安全管理职能机构是在国家太空安全领导机构直接领导下，具体负责组织和管理太空安全事务的机关，通常包括对外事务机关和对内事务机关，如美国的 NASA、美国国防太空机构（IDSO）、美国太空司令部和太空发展局,俄罗斯国家航天局,印度太空研究机构(ISRO)和日本宇宙开发机构(JAXA)等。国家太空安全情报机构是为实现太空安全而从事情报与间谍活动的职能机构,如美国国家侦察局、国家地理空间情报局、国防情报局等。国家太空安全咨询机构是为太空安全领导决策机构或职能机构提供决策咨询与建议的组织机构,如美国华盛顿大学太空政策研究所(SPI)、史汀生中心、国家太空安全研究院(NSSI)、艾森豪威尔太空与安全防务中心(ECSDS)和加拿大麦吉尔大学法学院空天法研究所等。根据组织机构的性质,还可以分为太空安全民事组织(机构)、军事组织(机构)和商业组织(机构)。太空安全民事机构如美国联邦航空局(FAA)、交通部(DOT)、商务部(DOB)等,太空安全军事机构如美国太空司令部、太空发展局、太空军、导弹与系统中心等,太空安全商业机构如美国空天公司、分析图形有限公司(AGI)、低轨实验公司(LeoLabsInc)、视觉工程方案公司(VES)、克拉多斯国防与安全方案公司(Kratos D&SS)等。

2. 组织形式

太空安全组织形式即组织结构形态。通常,按照组织管理职能发挥和运行需要,太空安全组织形式主要有传统概念的直线制、直线－职能制和现代概念的事业部制、矩阵制、委员会制、多维复合式等。

在传统组织形式的太空安全组织中,直线－职能制以直线制为基础,首席负责领导负总责,在其下和各级事业(业务)部门领导者下设相应职能机构或职能部门,作为该级领导者的参谋机构。国际、国家或地区的正式太空安全组织通常采用直线-职能制组织形式,各国的政府和军事太空安全组织一般也采用直线－职能制组织形式,如各国的国家航天局、国家或军队太空司令部等。

在现代组织形式的太空安全组织中,事业部制和传统组织形式中的直线－职能制组织形式非常接近,只是首席领导下不再设有职能部门,各事业部领导直接向首席领导负责,其下设的职能机构与工作班组同级并行;矩阵制引入项目团队或区域分组的同步管理方式,采取职能线和项目(区域)线并行模式,形成灵活松散结构;多维复合式是矩阵制的拓展完善,以效益为中心,管理和决策由多部门联合形成的效益事业委员会共同完成。通常,民商太空安全组织多采用事业部制和矩阵制,跨国或跨地区企业类太空安全组织采用多维复合式组织。

国家太空安全组织根据其性质不同,采用不同组织形式。国家层次的太空安全委员会一般由政府和军队多个职能实体共同组成,通常采用委员会组织形式,便于协同会商和集体决策,如美国国家太空委员会;政府和军队机构性质的太空安全组织是法定正式组织,具有强制权力属性,通常采用直线-职能制组织形式,便于公权力使用和资源统筹,如国家航天局等,直线-职能制国家太空安全组织架构见图5-2;而政府机构主导下的行业性太空安全组织则为非正式组织,不具有前置权力特质,通常采取矩阵式组织形式,便于开展专业团队项目合作与交流,如某国太空态势感知与数据共享协会等。

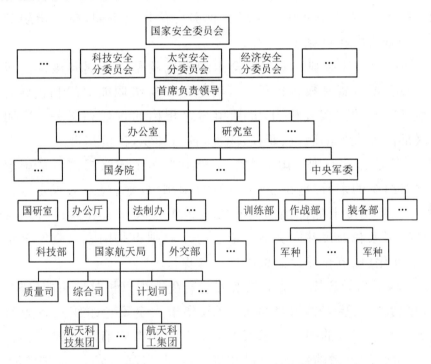

图5-2 直线-职能制国家太空安全组织示意图

3. 组织设立

设立太空安全组织是太空安全管理的基础和重要环节,是管理组织的建立和改善过程。设置合理健全的太空安全组织是科学开展太空安全管理的前提和基础,是提高管理效能的保障。太空安全组织设立应遵循组织设立原则,重点是建立组织的职权和设置职能部门。

1)组织设立原则

太空安全组织设立原则是建立稳定有效的组织的基本准则,是从事太空安全事务的人们在长期的太空安全管理实践中,从太空安全组织建立和发展中提炼并经过实践检验和证明了的必然性、规律性的认识。

一是系统整体原则。要求太空安全组织结构必须完整,各结构要素要有效实用,必须具备现代管理组织的决策、执行、监督和反馈要素,确保组织目标明确,人员适配适用,力避机构重叠漏缺、职责不清或岗位臃肿等问题。

二是统一指挥原则。统一指挥原则反映了有效组织社会大生产和大规模共同劳动的客观要求,主要包括目标统一、设置统一和指挥统一三个方面。国家太空安全的组织指挥一般实行首长负责制,整个组织管理体系是一个垂直的指挥系统。

三是权责一致原则。太空安全组织设置就是对所属各级部门机构或单元进行分层设置和权责授予。等级链每一层级职能部门和领导者都由组织赋予一定的职权或权力,并承担与之相称的责任和义务。应明确组织各级部门和人员的职位、职权、职责,各司其职,各负其责。

四是依法行政原则。国家太空安全组织等正式组织需遵从国家宪法和法律对组织的宗旨、地位、权力、职能、编制、程序、经费等规定进行各级机构设置,从制度上保证国家太空安全组织代表国家和人民行使管理职能且维护国家和人民共同利益。依法行政原则也是国家太空安全组织法制化、制度化、规范化建设的根本途径和保证。

五是精干高效原则。精干要求太空安全组织以相对精简的机构、人员和财物配置完成更多的管理事务,高效要求太空安全组织具备短时优质完成更多管理事务的能力。国家太空安全组织要在有限的财力和物力条件下,注重管理体系的数量、质量和规模匹配,以降低成本、增进效能。

六是韧性适应原则。太空安全组织设置要能够适应时代变迁、内外部环境变化和人岗调整等需要,具备动态发展和调整优化的机制与空间。部门机构设置和人员配备是重点,机构和岗位设定决定组织的结构韧性和任务适应性,人员配备和晋升调整决定运行韧性与效能适应性。二者共同影响组织整体韧性适应度。

2)职权与职能部门设置

职权是太空安全组织中的管理人员在职务范围内的管理权限,是履行管理职责的前提。根据组织设置原则,按照职能层级适度授权与分权是太空安全组织实现权责一致的途径。正式太空安全组织的职权通常包括直线职权、参谋职权、职能职权等。直线职权是太空安全组织内直线管理系统的管理人员所拥有的管理权力,通过授权形成。通常为具有领导职权的各级主管人员。参谋职权是主管人员的参谋或幕僚所拥有的辅助性职权,一般主要为建议和咨询权。职能职权是职能部门主管人员或参谋人员所拥有的原属于直线主管人员的那部分权力,是部门职能划分与分权的结果,尤其在组织规模较大时,形成职能职权就必然要设置专业职能部门。太空安全组织中,参谋机构和专业职能部门都属于职能机构的范畴。在国家太空安全组织等正式组织中,国家太空安全委员会是太空安全管理决策的最高职权部门,所属政府航天部门和军队系统属于专业职能部门,其内部根据职能发挥和组织运行的现实需要,逐级设置多类多级专业职能部门和参谋机构。

(二) 太空安全领导

太空安全管理是复杂的系统工程,在国际太空安全环境日益恶化、复杂性和动态性日益凸显的背景下,太空安全领导的统一意志和统一指挥,是太空安全管理活动与过程协调统一的保证。

太空安全领导是太空安全领导者为实现组织目标,在一定条件下运用领导力指引和统领下级进行组织活动的行为过程。它是一种由领导者以正式职权为前提与下级(被领导者)共同形成的行为过程和影响力。国家太空安全领导是国家太空安全领导者运用法定职权和自身影响力,在国家太空安全组织内指引和统领被领导者实现国家太空安全管理目标的活动和过程。这一概念包含三个要素:国家太空安全领导者必须有下级被领导者或追随者,国家太空安全领导者必须拥有影响下级被领导者或追随者的能力,国家太空安全领导行为具有实现太空安全管理目标的明确目的。

1. 领导体制

太空安全组织的领导体制是关于太空安全组织内领导层的职责分工、权力划分、机构设置等制度和规定的总称。合理的领导体制是提高太空安全组织效能的重要因素。太空安全组织的领导体制可分为一长制、委员会制、双轨制、参谋制和混合制等,不同类型的太空安全组织应当依据组织运行的现实需要选择合适的领导体制。影响领导体制选择的因素主要有太空安全组织的性质、组织规模、干部(尤其是领导干部)能力素质条件、法律政策和战略等。在领导体制的选择上,国家太空安全组织等正式组织通常采取以一长制、委员会制和参谋制相结合的混合制,最高行政领导对太空安全的全面工作负总责,重大战略决策由委员会共同研究决定,重大事务和工作均有参谋机构为决策群体出谋划策;而太空安全智库、非政府组织等非正式太空安全组织通常采用委员会(董事会)制或双轨制,组织活动和运行通常由董事会共同决策;企业性质的太空安全组织,领导体制一般相对灵活,领导专家化、集团化、民主化特征相对比较突出。

2. 领导功能

太空安全组织的领导功能是太空安全事务领导者在领导过程中必须发挥的作用。从太空安全管理实践角度,太空安全组织的领导功能是通常意义领导功能在太空安全领域的具体应用和体现。太空安全领导的目标就是太空安全组织的使命,也即太空安全管理目标。太空安全组织的领导功能主要应包括决策功能、指挥功能、协调功能和激励功能。决策功能是太空安全管理者尤其是承担决策职能的领导者的基本功能,重点是管理目标设定和管理方案制定。指挥功能是太空安全组织管理者组织指挥太空安全活动的功能,通过优化组合组织内外各种要素和资源,实现太空安全管理目标。协调功能是太空安全组织通过统筹、沟通、对接等工作,利用公权力对人、财、物、信息、时间等公共资源和要素进行使用和调度,保障领导功能的发挥和目标的实现。激励功能是太空安全组织各级管理者调动下级成员积极性和自觉性,充分发挥主观能动性和创造性,将各要素高效有机地组织起来转化为实用管用的高质量太空安全公共产品,是领导功能最活跃最能动的因素和不可或缺的润滑剂。

3. 领导者

太空安全领导者是太空安全实践活动特别是领导活动三要素中的重要因素,是太空安全领导活动和过程中的指导者与组织者。太空安全领导者类型根据不同划分方式而不同。通常,按照领导业务性质分为政治领导、行政领导、业务领导、学术领导等;按照领导方式分为集权型领导、放权型领导、民主型领导等;按照领导思维层次分为战略型领导、事务型领导和技术型领导等;按照产生方式分为正式领导和非正式领导。领导者肩负领导职责,不同类型领导者的领导风格不同、领导能力和影响力不同。通常,委员制太空安全组织由多个领导者共同组成一个领导班子。

太空安全组织的政治领导主要以太空安全管理中的思想政治、人力资源、组织、群众等工作为中心;行政领导主要以太空安全管理中的技术业务、后勤、财务、涉外联络等事务性行政管理工作为中心;业务领导或学术领导主要以太空安全领域的理论和现实问题研究及决策咨询等工作为中心。由于太空安全管理涉及理论和技术等不同层次的问题,因此业务领导或学术领导又可大致分为从事战略管理业务的战略型领导和从事太空安全技术业务的技术型领导。

太空安全领导班子是群体决策和集体领导的体现。领导班子建设是领导体制合理化、提高领导效率的重要途径。国家太空安全组织领导班子建设必须坚持德才兼备,合理配置班子结构的年龄、知识结构、技能和性格等要素,注重领导班子团结。坚强高效的领导班子是国家太空安全组织领导力的关键。

4. 领导力与责任

太空安全领导的领导力即影响力,是太空安全组织和领导者有效影响或改变被领导者心理或行为的能力。太空安全领导力分为权力和非权力两个方面影响力。由权力形成太空安全领导力的基础主要有法定、奖励、惩罚、强制等,由非权力形成太空安全领导力的基础主要是领导者的品格、人格、才能、知识、情感等。

太空安全领导权力与责任反映太空安全领导的地位作用,由太空安全组织按照权责一致原则确定。权力、责任和服务是太空安全领导的主要工作。太空安全领导的核心在于公共权力,权力是实施领导的前提。太空安全领导权力是太空安全组织与领导实施太空安全管理的能力保障。国家太空安全领导权力是国家太空安全领导者影响下级和追随者实现太空安全管理目标的职能保障。从组织领导者对被领导者的制约关系与影响力来看,国家太空安全组织的领导权力来源主要有法定性权力、奖励性权利、感召性权力、专长性权力等。从领导者立场角度,太空安全领导者的基本责任主要包括通过组织实现太空安全组织目标,通过激励满足太空安全组织成员需要;从领导者工作内容角度,主要包括规划太空安全管理目标,制定太空安全组织规范,选用太空安全人才等。太空安全领导者的服务是领导精神的表达和体现。

5. 领导方法与方式

领导方法既是领导思维方法的运用和体现,也是具体工作方法和领导方式的实现。太空安全领导者掌握科学思维方法是认识和把握太空安全问题、正确开展管理活动的基础。科学思维下的具体领导工作方法包括调查研究、蹲点试验、典型示范、抓两头带中间、思想政治工作等。国家太空安全领导方法采取上述领导方法的组合和灵活运用,具体问题具体分析。太空安全领导方式主要有集权式、分权式、民主式、参与式、交易式等。集权式领导方式将所有权力集中于国家太空安全领导集团或个人,具有政令统一、成本低、上下信息通畅等特点,有利于领导权威和组织步调一致,但不利于发挥人员能动性和创新等;分权式领导方式是领导者决定太空安全管理目标、政策、任务和方向等宏观问题,下级对具体分项和问题实现拥有一定的自主权,具有各级集体责任意识强,参与度高,能力结构优化等特点,但也存在资源配置成本高,运行效能低,权力内耗等问题;民主式领导方式是领导者与下属以彼此信任为基础,通过授权和商讨共同决策、共同推进工作,具有奖惩分明,主人翁意识强,削减领导者个人喜好影响等优点。

四、 太空安全人力资源

人力资源是可持续的宝贵资源,是任何组织建设发展的根本。太空安全人力资源是太空安全组织系统内开展太空安全管理活动的全部工作人员的总和。国家太空安全人力资源管理是指人力资源管理组织依据宪法和相关法律对所管辖的人力资源进行的规划、获取、维持和发展等一系列管理行为。国家太空安全人力资源管理是依据宪法和相关法律规定行使人事管理权,工作性质、宗旨目标、人员编制、行为规范、财政预算等都由宪法和相关法律依据决定,具有权威性、公益性、法制性等特点。

太空安全组织开展人力资源工作应建立和加强人力资源规范建设。太空安全人力资源规范是太空安全工作人员在管理太空安全事务中必须遵守的法律法规、规章制度和道德准则的总和。建立和加强人力资源规范建设,有助于太空安全工作人员依法行使公权力和依法行政,促进人力资源工作公平公正、公开廉洁。

(一) 人力资源规划

太空安全人力资源规划是太空安全组织根据太空安全事务管理和发展目标要求,对太空安全人力资源供需情况进行科学预测、分析、配置和计划,从而满足太空安全事务管理需要的过程。通常,人力资源规划分为短期、中期和长期规划,长期规划一般在 10 年以上。太空安全人力资源规划具有战略性、动态性、前瞻性、综合性等特点。太空安全人力资源管理规划有利于优化人力资源配置、提高行政效率。

太空安全人力资源部门或人事部门是人力资源规划的主体。太空安全人力资源规划的内容包括人力资源总体规划和业务计划两方面。人力资源总体规划是指太空安全组织在一定时期内太空安全人力资源管理总目标、总措施、总预算及其实施步骤的制度化安排。人力资源业务计划是太空安全组织为实施人力资源总体规划而制定的人员具体业务计划。太空安全人力资源规划制定程序一般包括人力资源情况收集、需求确定、规划计划制定、实施与调整等步骤。太空安全人力资源信息系统是太空安全组织进行人力资源规划和管理的重要工具手段,通常应具备人事信息与资质、薪资福利、人员绩效、人员职业生涯、人岗匹配度分析等管理功能,是提升人力资源信息化管理水平的途径。

(二) 人才招录与选配

选人用人反映出太空安全领导者的领导力水平,是提高太空安全组织管理能力的重要基础。太空安全人才招录是组织为发展需要,根据人力资源规划和工作分析的要求,从组织内外部寻找、吸收并鼓励符合条件的人员到太空安全组织任职和工作的过程。人才招录包括招聘和录用两个工作,主要是太空安全组织向应聘者说明工作是什么和选录适合该工作的人选。太空安全人才招录通常采取考试录用方法,遵循公开、平等、竞争、择优、量才、适岗、守法、遵纪等原则。太空安全人员选配是针对特定岗位或职位要求,按照人岗适配原则,将太空安全工作人员与工作任务有机结合,包括人才选拔与人员配置两个方面。人才选拔是按照岗位和胜任能力需要发现、鉴别和选用人才的过程。太空安全人才配置工作中,享有相应权限的太空安全管理机关根据法律法规,在拥有的权限内按照法定程序,对人员职务或岗位进行任免、升降、交流和辞退等。人员配置包括任免、升降、交流、回避、辞职、辞退等。

(三) 胜任力与任职资质

太空安全职业资格认证体系是太空安全职业生涯管理的重要工具和依据,是现代人力资源管理的具体体现。建立太空安全职业资格认证体系的过程为:一是要建立太空安全执业人员胜任特征词典和胜任特征模型。根据胜任特征词典,通过胜任特征模型对太空安全执业人员胜任特征进行识别和评价,可得到人员胜任力评价值,作为执业资格要素的评定依据。二是构建太空安全执业人员任职资格体系。基于资格标准和制度体系建立任职资格体系,形成牵引、激励、约束、竞争淘汰等运行机制。三是认证太空安全执业人员任职资格水平。任职资格认证管理要按照建立任职资格认证评定准则、成立任职资格认证评定委员会、组织任职资格认证的基本流程展开。任职资格认证的过程一般包括发布资格认证评定消息、主管推荐与资格初审、业务部门审核,评定委员会进行资格审查、综合评审、审批备案等环节。

(四) 职业生涯管理

太空安全管理工作要求具备专业领域的专门知识和技能。太空安全职业生涯管理是太空安全组织和人员对职业生涯进行设计、规划、执行、评估和反馈的一项综合性工作,是太空安全人力资源工作的重要职能之一,包括组织对人才的职业生涯设计管理和人员职业生涯自我管理。太空安全职业生涯管理一般由人才的职业生涯规划、职业生涯发展、职业生涯管理三部分组成,一般遵循长期性、公平性、期限性、动态性和创新性等原则。

太空安全组织对人才的职业生涯设计管理是太空安全组织将组织目标与人员发展相结合,使人员个体的职业生涯目标与组织发展的战略目标相一致的过程。太空安全组织应当建立职业发展与评估指导机构,依托职业生涯管理系统和人力资源信息系统为太空安全职业人员提供合理的职业指导。

太空安全人员职业生涯自我管理是以实现人员个体发展的成就最大化为目的,通过对个人兴趣、能力和个人发展目标的有效管理实现个体职业发展愿望的过程。太空安全人员职业生涯规划通常分为个人职业状况剖析、环境与机会评估、职业定位、目标设定、策略实施、评估与校正六个步骤。

（五）人力资源培训与人才培育

太空安全人力资源培训是指太空安全组织通过一定方式对从事太空安全管理的工作人员进行的专业知识与技能的训练。与太空安全人力资源相关的人才培养和培训分两类：一是面向太空安全管理人才的培养与培训，是广义的太空安全人力资源培训；二是面向太空安全人力资源管理人才的培养与培训，是狭义的太空安全人力资源培训，培训对象是太空安全管理人才中从事人力资源管理的人员。太空安全组织开展人力资源培训有助于人员专业知识和能力提升、工作认识和态度端正、工作潜能开发等。太空安全管理人才培训方式通常有任职前培训、任职培训、业务培训和知识培训等。

（六）人员薪酬与待遇

人员薪酬待遇可以通过太空安全人力资源工资、保险、福利制度体现。太空安全组织尤其是国家太空安全组织的工资制度主要内容为职级工资制度、增资制度、奖金制度和津贴制度等。保险制度是太空安全组织按照法定方式，对因年老、疾病、伤残、生育和死亡等原因暂时或永久丧失工作能力的工作人员给予物质资助的保障制度。人员福利制度是太空安全组织为工作人员建立的福利事业和提供的补助补贴制度，主要有福利费制度、探亲补助制度、休假制度、季节性气候补贴制度、交通补贴等。

（七）人力资源绩效管理

太空安全人力资源绩效管理是太空安全组织及其人事部门对太空安全工作人员履行太空安全事务管理职能的成绩与效果管理。人力资源绩效管理包括人力资源管理绩效和人员工作绩效两方面管理，前者是对人力资源部门的人事管理绩效进行综合衡量和评价，后者是对太空安全专业业务人员的工作业绩与效果进行综合衡量和管理，重点是太空安全专业人员绩效评估，是太空安全组织各部门对太空安全工作人员进行选拔培养和任用的直接依据。太空安全专业人员绩效评估主要内容为思想道德评估、工作业绩评估、知识水平评估、技能和能力评估等，分为平时评估、年度评估和任期评估等,反映出太空安全专业人员的岗位和职务胜任力。

第三节 太空安全管理活动

太空安全组织履行管理职能、开展管理活动应当遵从统一的管理要求,加强太空安全目标管理,科学把握管理过程与活动内容,合理进行太空安全管理绩效评价。

一、 太空安全管理活动的要求

太空安全管理理念是太空安全管理者基于长期的太空安全管理实践对太空安全管理规律的认识,并经过实践检验为正确的思想和行动指导。太空安全管理尤其是国家太空安全管理与全球共同利益、国家利益和世界人民现实利益密切相关,具有国际性、全局性、战略性的鲜明特征。树立正确的太空安全管理理念,是太空安全组织有效履行太空安全管理职能、实现太空安全目标的重要基础。

(一)秉持人类命运共同体理念

太空是人类活动的公域,太空安全是事关全球人类和世界各国共同利益的公共安全问题,太空安全事务是事涉人类生存发展和国家安全利益的国际性政治事务。太空安全管理既是全球公共安全管理,也涉及全球人类和各国未来发展的共同命运,应当旗帜鲜明地坚持公共利益至上原则和世界命运与共的理念。2017 年 11 月,我国推动"外空人类命运共同体"理念写入 72/250 号联大决议"防止外空军备竞赛的切实措施",这是在太空安全管理中坚持人类命运共同体理念的具体体现。

(二)增强战略全局思维

各航天大国将太空域视为战略高边疆。太空安全天然具有战略安全属性,因而太空安全管理是战略管理,具有全局影响和全局价值。不论是非正式非官方的太空安全组织还是正式的国家太空安全组织,从事太空安全管理活动都应当从太空安全在全球战略格局和大国战略平衡中所具有的重大影响和地位作用着眼,以全球或国家战略管理的方式方法,进行宏观布局和顶层矛盾破解。

(三)坚持系统性管理

坚持系统性管理就是太空安全管理要针对太空安全事务开放性、整体性、动态性等特征。太空安全管理要将各对象之间、内外部要素之间形成密切关联的有机体;高度关注其时空动态变化的过程,特别是从总体国家安全视角,注重其与全球政治、经济、军事、科技等领域相互影响和互动关联,认识和处理这些关系,以开放思想理念进行整体综合管理。

(四)树立法制化观念

太空安全管理树立法制化观念就是坚持有法可依、依法管理的观念。太空安全组织尤其是国家太空安全组织开展太空安全管理活动行使的是公权力,调度使用的是公共资源,反映的是最广大人民的共同意志和利益,必须遵循维护公共利益的法律法规和有关制度。太空安全的公域事务性质决定了太空安全管理活动应当遵从国际公法、国际协议和管理主体所在国家的国内法。

二、 太空安全管理活动的组织与实施

太空安全管理活动的组织与实施为四个阶段:管理目标决策、管理方案制定、管理任务实施、管理评价与调整,如图 5 - 3 所示。

(一)太空安全目标评估与制定

太空安全目标是太空安全管理的终极价值取向,即实现太空安全状态和形成太空安全保障能力。太空安全目标评估与制定是太空安全目标决策和目标管理的核心内容,具体为:一是确定上级和本级太空安全组织领导者在太空安全管理中的战略意图和目的,并分解为具体方向、具体领域、具体职能等方面的目的和期望。二是了解和分析太空安全组织的内外部环境、国际国内政策法规情况、人财物等资源支撑条件、自身具备的能力条件、上级精神与指示要求、科技水平与技术保障条件,等等。三是结合国际政治、军事、经济、产业、技术、自然环境、人文环境等发展情况和未来趋势,预测太空安全管理的未来形势、条件、挑战和发展趋势。四是结合前述分析,太空安全组织的职能部门提出太空安全目标方向和各分目标框架及其目标管理卡,建立太空安全状态和能力的愿景图和目标展

开图,深入进行评估、论证研究和改进优化,最终确立并制定太空安全目标。

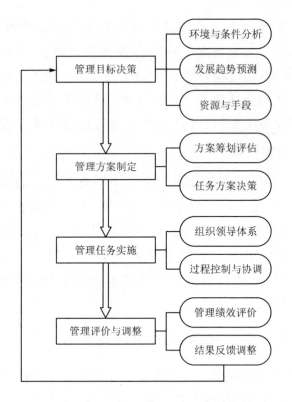

图5-3　太空安全管理活动过程与内容

(二) 太空安全任务决策与计划

太空安全任务是太空安全管理工作任务中的业务性管理任务,是太空安全管理事务中最核心的工作,是面向直接解决太空安全问题的具体业务工作。太空安全任务决策与计划是对太空安全任务的筹划与制定、方案评估与优选等,其主要内容包括:一是综合上级意图和本级目标,将太空安全总体任务分解为各方向子任务序列和阶段任务序列,形成太空安全任务图谱。二是围绕完成太空安全任务,梳理和分析政策、资源、能力、技术等条件要素支持度并建立条件和能力缺口,分析和预判任务执行过程中的风险和挑战。三是针对太空安全任务序列,制订总计划、分计划和各阶段计划,构建完成任务的路径、方法、措施、保障、标准要求等总方案和分方案内容,形成太空安全任务路线图。四是组织专家团队对任务方案进行评估论证和改进完善,提交太空安全领导层委员会研究并决策。

(三)太空安全管理组织与控制

太空安全管理实施是对太空安全任务的组织、执行和控制活动,是对太空安全状态和能力目标的实现过程。依托太空安全管理组织进行管理活动的组织、控制与协调,是太空安全任务实施中的核心内容。主要包括:一是根据任务需要和能力条件,调整建立太空安全管理组织领导和实施体系,建立任务实施、督导和保障机制。二是向各业务部门和负责团队及人员逐级下达任务并明确各自分工,统一思想认识和行动步调,细化实施的具体措施办法、行动方式方法,形成组织实施和保障的施工图。三是组织团队人员执行和展开任务实施,针对主要矛盾问题进行任务协同和工作协调。其中,面向具体任务的管理控制内容包括太空安全任务进度控制、程序控制、质效控制、资源控制、预算控制、风险控制等。四是根据任务进度和绩效情况,及时组织检查指导团队进行任务督导,跟进指导任务执行质效,帮带解决困难。

(四)太空安全管理评估与调整

太空安全管理评估与调整是通过评估现有太空安全管理绩效,检验管理方案有效性并向下一阶段的目标和任务决策反馈,为改良方案计划提供依据。主要内容包括:一是结合太空安全管理目标导向和任务实际,梳理确定太空安全管理评价需求,建立绩效评价标准和综合衡量办法,构建综合评估指标体系和评估模型,准备评估评价工具手段。二是针对太空安全管理绩效评估需求,采集和统计评估评价所需信息数据并按照评估评价指标要求筛选标准化有效数据,运用评估评价工具进行太空安全管理绩效评估与质效衡量。三是根据评估评价结果形成基本结论,结合太空安全管理任务组织实施实际,分析太空安全管理工作任务中的不足和原因,总结经验教训和对策,上报反馈主要结论和数据,并进行信息存档保存。

三、 太空安全管理活动的绩效评价

太空安全管理绩效评价是对太空安全组织和部门发挥管理职能的作用与成绩进行衡量,是对太空安全组织的整体评价。根据评价重点和目的等,太空安全管理绩效评价类型和内容不同。从绩效评价目标角度,分为任务绩效评价和整体绩效评价;从绩效评价周期角度,分为定期评价、年度评价和阶段评价等;从绩效评价范围角度,分为专项评价和综合评价,等等。

太空安全管理绩效评价与其他领域管理绩效评估一样,要建立绩效评价标准、评价办法和评估评价指标体系,要依托专用工具手段采集分析相关信息数据并进行模型计算。评价标准和评估指标体系通常采取专家调查法获得,评估模型一般在常用数学方法和模型基础上结合太空安全管理绩效评估特点加以改进。太空安全管理绩效评价通常由上级机构组织,或由第三方专门机构组织,绩效评价结果作为对太空安全组织整体能力和管理水平的衡量。

第四节　太空安全管理方法

太空安全管理方法是太空安全管理机制的重要影响因素,作为一种复杂系统的动态性活动和过程,太空安全管理离不开综合管理方法和特定手段的运用。太空安全管理方法是太空安全组织履行管理职能、达成太空安全目标、保证管理活动顺利进行的方式、手段、途径和程序等的总称。新时代太空安全管理面临新的挑战和机遇,要创新发展管理方法与手段。

一、 太空安全管理方法分类

太空安全管理方法以多学科理论综合为基础,具有科学性、系统性、层次性、定性与定量结合等特点。太空安全管理方法通常是理论化、标准化和高效化的方法体系的综合体,是系统之系统方法的集成。

根据太空安全管理的任务内容和特点,太空安全管理方法可分为不同类型。按照管理作用关系,可分为主动式和被动式管理方法;按照管理时效性可分为预置式、临机式、补救式管理方法;按照管理进程,可分为事前式、事中式、事后式管理方法;按照方法运用情况,可分为单一方法和综合方法;按照管理方法精细度,可分为粗放式和精细式管理方法;按照管理方法的表现形式,可分为人文类、工具类、复合类管理方法。太空安全管理方法的选择和运用要注重综合、择优、创新,善于根据具体事务和问题的特点,因事制宜、动静结合、交叉借鉴、灵活组合。

二、 太空安全管理方法形式

太空安全管理方式是太空安全管理手段的表现形式。和一般管理工作的方式类似,太空安全管理方式很多。通常,太空安全管理方式主要有控制、沟通、激励、谈判等。

(一)控　制

控制是太空安全管理领域最常用的管理方式。在太空安全组织管理职能发挥的过程中,不论是计划、组织、领导还是监管监督职能,都需要通过对下级人员和机构的控制与指挥实现,控制既是太空安全管理的环节,也是管理的方式。控制具有系统性、动态性、层次性等特点。太空安全管理中的控制需具备衡量控制目标的标准、控制结果偏离标准的信息表征、纠正偏差的措施或行动三个条件,控制过程通常分为确立控制标准、根据标准衡量执行、纠正执行偏差等步骤。太空安全管理实践中经常会存在战略制衡或利益抑制的情况,从某种角度而言,制衡或抑制也属于控制的范畴。

(二)沟　通

沟通是太空安全组织发挥协调职能的重要管理方式,既是管理职能所在也是管理方式之一。沟通就是交流思想、表达情感、传达想法和意见等,在太空安全管理中服务于统一思想认识、建立良好互通关系、协调一致行动。影响太空安全管理沟通的因素包括环境因素和人员自身因素,环境因素主要有上级组织和管理者、各级职能机构、安全文化等方面,人员自身因素包括技巧、知识、态度、文化背景等。沟通过程一般为关注、理解、交流、行动和反馈、接受。改善沟通的途径通常包括提倡平等、改善技巧、改进环境、注重沟通艺术。

(三)激　励

激励是太空安全组织在太空安全管理实践中激发工作积极性、提升太空安全管理效率的重要方式。太空安全组织的领导者在组织领导实践中应当善于采用激励的管理方式调动各级人员积极性、提高组织工作绩效。太空安全管理激励是太空安全组织利用动机诱因引导从事太空安全事务的人员实现太空安全目标的心理过程。太空安全管理活动的激励管理应当紧紧把握被激励对象从事太空安全工作的动机,也就是激发并维持太空安全工作人员从事太空安全事务的内在驱动力。太空安全组织运用激励管理方式应当从政策制度、工作环境、晋升渠道、物质保障等多方面入手建立适用的太空安全激励机制。

(四)谈 判

谈判是太空安全管理活动中的特有管理方式。太空安全组织在管理实践中,谈判的管理方式既可用于组织内部事务,也可用于外部事务。对内部事务主要是处理利益分配或劳务纠纷等问题,对外部事务主要是涉及组织共同利益或太空安全公共利益等问题。通常,太空安全谈判主要是针对太空安全利益的规则、法规、协议、事件处置等专业领域业务性事务,如国际太空法制定、太空安全事故处置、太空经济纠纷处理、太空资产或遗产保护、太空资源开发使用、太空商贸竞争、太空交通协调,等等。影响太空安全谈判的因素包括自身实力、专业知识、法律法规、安全形势、技术能力、利益需求、谈判目标和策略,等等。太空安全组织开展涉外业务谈判应当组建专业能力素质过硬、熟悉太空领域法律法规、熟知太空安全形势和自身能力底数的谈判团队,针对具体问题制定谈判方案和谈判方法与策略集,尤其是国家太空安全组织在国际太空谈判事务中应当建立长期且完善的谈判工作机制,注重灵活运用多种谈判手段和方式,恰当把握谈判时机,收到有利于自己的谈判实效。

三、 太空安全管理方法手段

太空安全管理方法手段和技术十分丰富。太空安全管理是一项人和系统共同完成的系统性工程,在现实实践中通常是多种方法综合运用。

(一)行政方法

行政方法是指在太空安全组织内部,以行政组织和管理者的行政权力为依据,运用命令、指示、规定等强制性行政手段,按照行政隶属关系施加直接影响来履行太空安全管理职能和实施管理的方法。采用行政方法实施太空安全管理,实质就是以法定的权责关系为基础,通过行政权力贯彻管理意图的过程。行政方法在太空安全管理中运用最为普遍,要求管理者坚持行政即服务的理念,坚持集中管理原则并完善权责一致的制度。

(二)法律方法

法律方法指太空安全组织根据国际或国家法律法规,对太空安全事务与活动依法进行管理的方法。法律是具有普遍强制力的行为规范,是一切管理活动的基本依据。运用法律方法实施太空安全管理要解决两个问题:建立太空安全法律法规和执行太空安全法律法规。太空安全法律法规包括太空领域的国际法、某国国内法、组织章程与制度等。太空安全组织依据国际法(如月球协定、营救协定等)开展国际太空规则制定权和太空秩序主导权的博弈,或是声索太空安全事务赔偿,保障国家太空利益等;依据国内法建设和发展太空安全保障能力,培养太空安全管理与技术人才等;依据国际电信联盟规定进行发射报备和轨频资源申报,推行太空态势感知数据共享服务等。

(三)系统方法

系统方法是在太空安全管理中运用系统科学思维和方法,对太空安全事务的宏观与微观、整体与局部、要素与要素、系统与环境之间的相互作用关系进行综合考量,根据太空安全事务和活动的特点和规律履行太空安全管理职能并达成太空安全目标的方法。系统方法是处理复杂管理问题的基本方法,基本步骤一般为明确管理问题,辨识环境和内部要素影响,确立管理目标,建立系统模型,评估选定方案,组织实施方案,评估反馈和调整改进等。太空安全领域的系统方法包括系统分析方法、矩阵方法、网络化方法、风险控制方法、综合集成方法,等等。运用系统方法实施太空安全管理要建立大系统宏观思维、统筹思维和动态演化思维,要充分利用现代先进管理技术手段。

(四)经济方法

太空安全管理中的经济方法又可称为成本管理法,分为两个部分:针对事务的管理和针对人的管理。针对事务的管理主要是太空安全组织对外事务层面,针对人的管理主要是太空安全组织内部事务层面。

针对事务运用经济方法管理是指太空安全组织在处理太空安全事务或问题过程中,利用经济领域因素对太空安全状态或能力产生的作用,运用贸易、汇兑、金融杠杆等经济手段来履行太空安全管理职能和达成太空安全目标的方法。在国家太空安全管理实践中,通常是利用国家经济实力和市场控制能力,影响太空领域的权益博弈和战略竞争格局,或提升本国太空安全保障能力,从而维护国家太空安全。如,国家利用小卫星制造市场或火箭发射服务市场体量,博取和瓦解战略对手在太空领域的盟国关系等。

针对人运用经济方法管理是指以太空安全组织中人的物质利益需要为基础,按照客观经济规律的要求,运用经济手段(如工资、奖金、罚款)来履行太空安全管理职能和实现管理任务的方法。采用经济方法实施太空安全管理实质上是执行按劳分配原则。在社会主义市场经济中,经济方法在太空安全管理中的使用应当与其他管理方法相结合,避免盲目或矛盾导致预期效益不佳。经济方法不带有行政强制性,但需正确运用物质利益原则激励或约束太空安全组织成员的行为。

(五) 数学方法

以数学方法为代表的现代科学方法在太空安全管理中应用非常广泛和有效。数学方法是指太空安全组织运用数学和新兴科学理论与方法管理太空安全事务,提高管理科学性和效能的方法。数学和现代科学方法是人文哲学方法之外的规范化模型化方法,通常采取定量分析与定性分析相结合的方式解决具体业务应用问题,如辅助决策、数据分析、量化评估等。管理学领域的数学方法包括运筹学与最优化方法、博弈论方法、统计方法、评估方法、系统动力学方法,等等。但管理问题通常是复杂社会科学问题,数学方法并不能取代人的作用,尤其在非程序性决策中,人的能动性和创造性是任何工具方法都无法替代的。因此,数学方法中要尽可能多地吸纳专家经验和知识。

(六) 模拟方法

模拟方法是基于仿真模型的实验方法,是指在太空安全管理中通过建立数学或逻辑模型,构建尽可能接近太空安全事务管理现实问题与场景的计算机仿真或虚拟环境,基于模型化的要素、条件、过程和作用方式等进行模拟论证,以间接研究和掌握太空安全事务的规律。模拟方法是降低管理风险、提高管理效益的重要方法。如美国图形分析公司(AGI)就开发了卫星仿真工具软件 STK10,可以对太空环境、弹道目标和航天器运行进行仿真模拟,为太空安全管理提供支持。运用模拟方法实施太空安全管理一般由问题描述与定义、研建模型与模拟工具,制定仿真模拟方案并导入数据,模拟运行并进行数据和结论分析等步骤组成,通常要求模型和数据尽可能真实,模拟过程具备足够精度,充分吸纳领域专家经验,对同一问题和过程进行多次模拟论证。

(七) 教育方法

太空安全管理中的教育方法指太空安全组织运用思想政治工作、太空安全文化、航天精神、太空安全追求等建设,增强组织凝聚力、向心力和团结合作意识,提高组织成员的积极性,促进太空安全组织目标实现的管理方法。人是太空安全组织和管理活动的主体,价值追求和精神图腾是极为重要的个人需求与群体需求,如组织群体的认同、职业发展、自我价值实现、业界社交等。运用教育方法开展太空安全管理应当以马克思主义理论为指导,努力解放思想、实事求是,建立包容开放、团结奋进的太空安全组织文化,强化平等互助的深厚友谊和同志感情,注重经常性思想工作,将成员的个人价值追求与国家太空安全事业融合到一起。

第六章　太空安全环境

太空安全环境是人类正在不断探索和认知的领域,研究太空安全环境及其影响对维护太空安全有着重要的现实意义。

第一节　太空安全环境的内涵

一、 太空安全环境的含义

太空安全环境是一个复合概念,相对于环境来讲,太空安全是主体,而环境是对太空安全产生影响的所有外界事物,是指围绕太空安全的外部条件,亦称为影响太空安全的环境因素。当人们以分析的方法透视太空安全环境中的各个方面和各种条件时,它们就是"影响太空安全的因素";而当人们以综合的方法从整体上看待各种影响太空安全的因素时,它们便构成了"太空安全环境"。由于太空高远广阔,是人类共同拥有的空间,并且"安全"是一个跨领域、多层次、复杂的概念问题,因此太空安全既具有特质性,也具有很大的外延。本书主要是从其特质性来研究太空安全环境问题。

太空安全环境"因素"可以根据不同的标准从不同的角度进行分类。我们可以根据一个国家与整个世界的关系,把太空安全环境因素分为国际因素与国内因素两大类,分别称之为太空安全的国际环境与太空安全的国内环境。我们也可以根据这些因素的属性,将其分为社会因素和自然因素,分别称之为太空安全的社会环境与太空安全的自然环境。我们还可以根据客观与主观的不同,把太空安全环境因素分为客观因素和主观因素,称之为太空安全客观环境与太空安全主观环境。如果从不同因素对太空安全作用的性质上划分,太空安全环境因素则可以分为积极因素和消极因素,也可以分别称作太空安全的积极环境和消极环境。另外,从太空安全环境在不同历史时期甚至不同阶段区分,太空安全环境因素则可以分为传统因素和非传统因素,也可以分别称作太空安全的传统环境和非传统环境。

综上所述,这些从不同方面在不同程度上影响太空安全的因素的总和,就构成了太空安全环境。

二、 太空安全环境的特征

太空安全环境具有特殊性,其特征主要有以下四点:

一是客观性。太空安全环境的客观性是指太空安全环境是客观存在的,如太空自然环境,包括地球大气、地球电离层、地球磁场、空间粒子辐射和太空碎片等物质,也包括战略政策、法规制度、国际形势等人文因素,这些因素都会直接或间接对太空安全产生影响,特别是太空自然环境对太空安全影响更具有长期性。

二是结构性。影响太空安全因素的结构性,主要表现在国家(组织)或区域不同,以及太空安全领域、活动不同,甚至社会历史发展阶段不同,影响太空安全环境因素不同,其产生的影响与作用也不相同。因此,我们在了解影响太空安全的因素时,必须针对不同的太空安全领域、活动来分析。

三是发展性。一方面,由于太空还是人类正在不断探索的领域,人类对影响太空安全的因素没有完全掌握,人类将会伴随着太空科技的发展深入了解影响太空安全的因素;另一方面,影响太空安全的因素也将随着国际安全形势的变化、人类社会文明的发展、科技的进步而发展变化。当然,各种影响因素的发展变化既可能对太空安全起到积极作用,也可能起到消极作用。

四是共享性。由于太空是整个人类的共同空间,世界各国可以充分利用太空资源为人类社会造福,促进人类社会发展。同时,太空安全环境对整个人类和平开发、利用太空资源都会产生影响,特别是轨道、频谱资源不是"取之不尽,用之不竭"的。越来越多的人类太空活动将导致超过环境承载能力,而太空碎片的增加又必将直接影响人类的太空开发、探索活动。

第二节　太空安全环境的影响

一、　太空安全环境因素

太空安全环境的影响主要体现在对国家安全与太空安全的影响两个方面。太空安全环境是国家安全环境的有机组成部分,太空安全环境将直接或间接影响国家安全,特别是随着太空地位的凸显,太空安全环境对国家安全的影响越来越大。太空安全环境对太空安全的影响表现得更加直接,太空安全环境既在结果上影响一个国家的太空安全状态及其变化,也影响一个国家的太空安全需要及太空安全目标的确立,甚至太空安全手段的选择等。当然,太空安全环境对太空安全的影响最终要反映在对国家安全的影响上,加之本书主要是研究太空安全问题,因此,我们将重点阐述太空安全环境中影响太空安全的因素,按照太空安全环境影响属性区分,主要阐述社会环境因素影响、自然环境因素影响。

二、　社会环境因素的影响

社会环境对太空安全的影响因素虽然很多,但从最能影响太空安全的社会环境分析,影响因素主要包括国家安全环境、国际太空战略环境、科学技术的发展及其应用环境。社会环境因素虽然是可控的,但因受到意识形态、政治制度、军事战略等制约,也是最难控制的。

（1）国家安全环境影响。一个国家的安全环境对太空安全产生的影响包括许多方面,如国家所处的国际地位、国内政权与边境地区是否稳定,以及国家经济发展情况、文化建设和民族信仰、爱国热情等,既直接影响国家太空安全态势,也影响国家太空安全能力发展及其方向和重点。

（2）国际太空战略环境影响。太空是人类共同拥有的空间,1967 年颁布的《外空条约》等国际太空法律法规对世界各国从事太空活动有严格的规定,包括太空资源开发利用、太空资产主权确定、航天员营救、航天发射活动等法规条文,这些国际法律法规制约世界各国探索太空、开发太空、利用太空活动。如果说国际法规对世界各国从事太空活动既有限制作用也有促进作用,那么,美国为争夺太空霸权,不断推进太空军事化进程,特

别是美国及西方国家在联合国和平利用外层空间委员会和国际电信联盟
(ITU)具有极大的话语权,美国经常将太空问题政治化,对世界各国从事
外太空活动产生了一定的消极影响。

（3）科学技术的发展及其应用环境影响。科学技术的发展及其应用
将会带来太空技术、太空能力的大发展,特别是一些颠覆性技术在太空的
应用,甚至可能改变国家太空安全的某些理念,产生颠覆性影响,对太空
安全的影响具有"两面性"。一方面,科学技术发展及其在太空领域的应
用能够促进太空技术、太空能力的提升;另一方面,新的科学技术也可能
刺激或扰动太空稳定发展,如科学技术也可能用于太空武器发展从而导
致太空武器化,因此,将改变原有的太空秩序,催生新的安全问题。

三、 自然环境因素的影响

自然环境包括地球大气、地球电离层、地球磁场和空间粒子辐射等太
空物理环境及太空碎片等,直接影响航天器轨道姿态、轨道衰变率和在轨
寿命,影响航天器通信、载荷功效或对航天器直接造成损伤,进而影响太
空资产、太空资源和太空活动等。

（一）地球大气

1. 地球大气结构

地球大气是指被地球引力场和磁场所束缚、包裹着地球陆地和水圈的
气体层,通常指地球周围的中性大气层。随着距地面的高度增加,地球大
气根据大气温度或大气成分可在垂直方向上划分为若干层。地球大气的
气体主要集中在 50 千米的高度范围之内,约占地球大气总量的 99.9% 左
右,而在高度大于 100 千米的空间仅占 0.000 1% 左右。高度在 90 千米以
上的大气称为高层大气。地球大气中,N_2、O_2、Ar 和 O_3 的含量约占大气
总量的 99.997%。

中性大气是低地球轨道航天器所遇到的特有空间环境,100～1 000 千
米高度范围正处于大气的热层和外层大气之中。中性大气对航天器的影
响主要有两个方面,一是大气密度对航天器产生阻力,它将导致航天器的
寿命、轨道衰变速率和姿态的改变;二是高层大气中的原子氧作为一种强
氧化剂,与航天器表面材料发生化学效应(如氧化、溅散、腐蚀、挖空等),
从而导致航天器表面材料的质量损失、表面剥蚀及物理、化学性能改变。

2. 地球大气对航天器的影响

在距离地表约 1 000 千米以上的中高轨道航天器运行区域,大气是非常稀少的,基本上对运行其间的航天器产生不了什么大的威胁。而在地表 1 000 千米以内、100 千米以上的低轨道航天器运行区域,虽然大气密度非常低(如"神舟"飞船附近的大气密度只有地球表面的几千亿分之一),但是这么稀少的大气对于高速运行的航天器所产生的效应却是不可忽略的,有时甚至是极其严重的。

中高层大气对低轨道航天器的效应主要体现在两个方面:

首先,中高层大气密度对航天器所产生的阻力效应,将导致航天器轨道姿态、轨道衰变率和在轨寿命的改变。当太阳风暴发生后,短时间内大气密度会出现剧烈的波动,航天器的轨道也因此而出现一定程度的变动,有可能下降到几百千米,会影响到地面观测网对该航天器的跟踪情况,甚至会追踪不到航天器轨迹。极端情况下,有可能导致航天器的轨道下降太快而提前陨落。其次,原子氧对航天器表面的腐蚀效应,将引起表面材料质量损失和材料的物理与化学性质的改变。中高层大气是由多种气体组成的,主要成分是原子氧。太阳风暴期间,原子氧的密度大幅升高。低轨道航天器相对大气的速度高达约 8 千米每秒,因此具有定向速度的航天器遭遇氧原子时,后者的流量是相当大的;并且原子氧是一种极强的氧化剂,那么当大量的原子氧不断地撞击航天器表面时,会导致材料的"氧化"、"溅散"、"腐蚀"或"挖空",从而使表面材料产生质量损失、表面剥蚀和材料变形。原子氧与飞行器表面材料相互作用所产生的效应程度,取决于空间原子氧密度、原子氧流量、飞行器轨道速度、飞行攻角、表面材料在原子氧环境中暴露的时间和材料的剥蚀率等。

(二)地球电离层

1. 地球电离层结构

等离子体是宇宙空间物质构成的主要形态,99%以上的物质都以等离子态形式存在,离我们最近的就是地球电离层。电离层是地球大气的一个重要层区,它是由太阳电磁辐射、宇宙线和沉降粒子作用于地球高层大气,使之电离而生成的由电子、离子和中性粒子构成的能量很低的准中性等离子体区域。它处在 50 千米至几千千米高度,温度为 180~3 000 开尔文,其带电粒子(电子和离子)的运动受到地磁场的制约,因此在电波传播领域又称电离层介质为磁离子介质。

描述电离层最基本的参量是电子密度,通常按照电子密度随高度的变化来划分电离层的结构。随着高度的变化,电离层电子密度出现几个极大值区域(又称为层),依次分为 D 层、E 层和 F 层。电离层电子密度的高度分布随昼夜、季节、纬度和太阳活动而变化;由于白天和晚上的电离源(太阳电磁辐射)不同,电离层结构也有所不同,在夜间 D 层消失,而 E 层和 F 层电子密度降低;在太阳活动高年和低年中,太阳电磁辐射的差异也导致电离层电子密度有很大差别。但共同的特点是在 $200\sim400$ 千米高度范围内电子密度有一个明显的峰值,这是因为在更高的高度上,虽然太阳电磁辐射很强,但大气较为稀薄,因此电子密度较低;在更低的高度上,大气原子和分子的数目虽然多了,但太阳电磁辐射由于高层大气的吸收而减弱,大气密度的增高也导致电离成分和中性成分的碰撞概率增大,从而使电子密度降低。

2. 电离层扰动对航天器的影响

太阳风暴期间,大量的强紫外辐射将使电离层电子密度突然升高,产生大量电离层不均匀体,诱发电离层闪烁。闪烁发生时,信号起伏的峰值在 1 分贝到 20 多分贝范围内,持续时间从几分钟到数小时,对通信信号产生干扰,严重时可导致信号中断。

电离层闪烁可以引起航天器信号幅度的衰减和相位的快速抖动。信号幅度的衰减将导致接收机接收的信号载噪比降低,从而影响接收机的环路跟踪性能,降低伪距的测量精度,载噪比进一步降低时将使接收机对航天器信号的跟踪失锁。相位的快速抖动可以造成接收机锁相环路的跟踪误差,在载波测量中产生周跳,当相位抖动的范围超过环路的跟踪带宽时,还将产生环路的失锁。在我国低纬地区经常发生的电离层强闪烁严重影响 VHL/UHL/L 频段航天器通信系统的通信质量和通信可靠性,甚至发生中断。通过已有的观测结果可知,在我国南方地区及南海区域,夜晚出现电离层闪烁的概率较大。

太阳风暴会导致电离层的总电子含量剧烈变化从而引起导航定位误差增大。强风暴诱发强烈的电离层闪烁造成导航接收机接收信号异常,严重的将造成无法锁定航天器。航天器导航用户一般采用电离层模型修正定位中的电离层延迟,一般可以修正用户定位结果中 50% 的电离层延迟误差。电离层暴期间，由于诱发的电子密度剧烈涨落，电离层对电磁信号的折射误差将大大增加，从而降低定位精度。电离层暴对航天器导航系统的影响还表现为，造成的较大电离层延迟梯度变化将影响航天器区域增强系统中的差分技术实现，进而影响航天器导航系统的完好性实现。

电离层作为一种无线电波的传播介质，对不同频率的无线电波传播表现出不同的影响，会产生电离层折射、吸收、散射、反射等现象。由于高频的无线电波能穿越电离层传播，所以人们使用超高频及更高频段的无线电波来进行航天器导航、航天测控和空间目标监视等。对于这些系统而言，电离层会对雷达、导航信号传输造成一系列的影响，是影响雷达、导航系统性能的重要环节，甚至还可以使雷达、导航系统中断。

在航天器信号测量中，电离层延迟误差和信号传播路径上的总电子含量成正比。对于 1 GHz 以上频段，信号传播路径弯曲在许多应用中可以忽略不计，由传播速度减缓而产生的延迟是影响系统测量精度的主要误差来源。例如对于 GPS 信号，这种距离延迟在天顶方向最大可达 50 米。在航天器仰角较小时，可以达到 150 米。因此，电离层延迟是航天器导航系统中最重要的误差源。

（三）地球磁场

1. 地球磁场构成

地球附近空间充满着磁场。按磁场起源的不同，地球磁场可以分为内源场和外源场两个组成部分。

内源场起源于地球内部，它包括基本磁场和外源场变化时在地壳内的感生磁场。外源场起源于地球附近的电流体系，包括电离层电流、环电流、场向电流、磁层顶电流及磁层内其他电流。在几百千米到几个地球半径高度的空间，地球磁场大体呈现为偶极子磁场。由于地球内部磁源分布的变化和影响，存在着南大西洋负异常和东亚大陆正异常等区域。这些地磁异常区，特别是南大西洋负磁异常区，对航天活动有着重要影响。

外源场中的重要部分来自太阳风，即太阳喷发出来的等离子体。由于它具有极高的导电率，在它到达地球附近时，组成太阳风的电子和离子在地磁场的罗伦茨力作用下，向相反方向偏转，形成一个包围地球的腔体，称为磁层。等离子体被排斥在磁层以外，地球磁场则被包围在磁层以内，等离子体和磁层的边界称为磁层顶，地磁场只局限于磁层顶以内的空间。

磁层顶上的电流产生的磁场叠加在偶极子磁场上,使磁层顶的形状在向阳面近似为压扁的半球,在日地联线上距离地球最近,约为 10 个地球半径;在背阳方向则近似为圆柱体,磁尾可延伸至 1 000 个地球半径的空间。

2. 地球磁场对航天器的影响

地磁场是最重要的空间环境参数之一,它控制着近地空间带电粒子的运动,并通过大气增温对航天器轨道运动产生影响。同时,地球磁场对航天器的影响还表现在产生磁力矩,对航天器姿态形成干扰。当航天器具有剩余磁矩 M 时,它将受到磁力矩 $L = M \times B$ 的作用而改变姿态。另一种情况,对于具有导电回路的自旋稳定航天器,当它在地磁场中自旋时,导电回路切割磁力线会产生感应电流,地磁场与感应电流的相互作用将使航天器的姿态受到影响。

空间磁场对航天器的影响。由于结构和工作性能的需要,航天器总要使用部分永磁材料,仪器中的工作电流也会产生磁矩。因此,任何航天器都会有一定的磁矩。在运行轨道上,航天器的磁矩与地磁场相互作用会产生干扰力矩,影响航天器的姿态,使航天器的自旋速率下降,并造成自旋轴的长期漂移。对中、低轨道航天器,因为轨道上的地磁场强度较大,磁干扰力矩大,必须考虑磁场的影响。对高轨道航天器,因为轨道上地磁场强度较弱,磁干扰力矩一般可以不考虑。对短期工作的中、低轨道航天器,磁场影响也可以不考虑。但对长寿命和姿态控制精度要求高的航天器,不论是中、低轨道航天器,还是高轨道航天器,磁场的影响必须考虑。对航天器的磁矩必须限制,并应进行磁试验测量。

空间磁场对星上磁性仪器的影响。有些卫星续航带有磁性探测器,用来探测空间磁场,探测器位置所处的磁场必须很低,以便估计仪器采集数据的精度,否则被测量的弱小静态值,以及在时间和空间上的变化会被卫星本身的磁场所淹没。如 1976 年 7 月美国发射的国防重力梯度稳定试验卫星,由于太阳电池阵列电流构成的磁场影响了磁强计的工作,致使记录数据不精确,没有记下地磁场变化的规律。据不完全统计,1970 年以前美国和苏联发射的卫星中就有 31 颗卫星带有磁性探测器。

(四) 空间粒子辐射

1. 空间粒子辐射带

高能带电粒子辐射是航天器轨道上严重威胁航天活动的重要环境要

素,主要包括地球辐射带、太阳宇宙线和银河宇宙线,并且与太阳活动密切相关。高能带电粒子与航天器上的电子元器件及功能材料发生相互作用,产生各种辐射效应,从而对航天器产生不良影响。在载人航天中,空间粒子辐射还对宇航员的身体造成损伤,甚至威胁宇航员的生命安全。

地球辐射带(Van Allen Belt)是指近地空间被地磁场捕获的高强度的带电粒子区域,常称为地磁捕获辐射带。由于地球辐射带是美国学者Van Allen 首先探测到的,所以也称为 Van Allen 辐射带(范·阿伦辐射带)。从几百千米到 6 000 千米的低空称为"内带",有高能电子的 6 000千米以上的高空称为"外带"。地球辐射带的大致结构如图 6-1 所示。

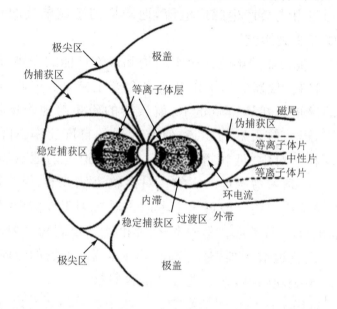

图 6-1　地球辐射带结构示意图

2. 空间辐射对航天器的影响

空间电磁辐射间接影响航天器。太阳爆发产生的电磁辐射,主要是通过加热地球大气、引发电离层扰动等间接方式影响航天器。电磁辐射将大气加热后,会造成大气密度升高,使航天器遭受的大气阻力增加,对航天器轨道产生干扰。电磁辐射引发电离层扰动,还会影响无线电波信号传输。

带电粒子与航天器相互作用。高能带电粒子会直接与航天器上的电子器件和材料发生相互作用,对航天器产生直接影响,其本质是带电粒子与构成器件和材料的原子之间的相互作用,其中主要有 4 种基本相互作用:原子的电离、原子的位移、轫致辐射和核反应。另外,带电粒子如果驻留在航天器材料中,还可能引发带电问题。

等离子体与航天器相互作用。等离子体通常由正离子和电子组成,整体呈电中性状态,与高能带电粒子相比,构成等离子体的离子和电子能量要低很多。等离子体与航天器的相互作用十分复杂。等离子体中的带电粒子由于能量较低,无法像高能带电粒子那样穿透航天器壁板,只能将能量沉积并最终驻留在航天器表面材料中,造成电荷积累,引发航天器表面静电放电现象。

(五) 太空碎片

1. 太空碎片的成分、来源与数量

太空碎片主要来源于人造物体,被跟踪的直径为 10 厘米以上碎片的具体成分如下:① 航天器在发射或工作时丢弃的物体,包括镜头盖、包装装置、自旋机械装置、空燃料箱、有效载荷整流罩、抛掉的螺母和螺栓及载人活动期间的一些东西等,这些垃圾占 12%;② 废弃的火箭箭体占 14%;③ 不再工作(寿命已到)的有效载荷占 20%;④ 其他各种碎片占 54%。

2. 太空碎片对航天器的影响

太空碎片对航天器的影响主要表现为与航天器的碰撞。由于近年来太空碎片的数量在不断增加,所以太空碎片成了航天器安全的主要威胁因素之一。航天器在轨运行时间越来越长,体积越来越大,太空碎片对航天器的影响也越来越不容忽视。太空碎片的尺寸大小、能量高低不同,对航天器的影响程度也不同。

尺寸不同的太空碎片对航天器的影响。尺寸较小的太空碎片数量多,与航天器的碰撞概率较大,能严重改变航天器的表面性能,特别是微小太空碎片对航天器表面的砂蚀作用,会降低太阳电池的效率,使温控包扎层性能变差,严重的将导致航天器表面强度降低,甚至出现裂纹,高压容器的舱壁受损,可能会发生爆炸;尺寸较大的太空碎片会损坏航天器表面材料,造成撞击坑,对表面器件造成损伤,严重的可能将整个航天器结构打散。

能量不同的太空碎片对航天器的影响。由于太空碎片所处环境的特殊性,它们一般都以高速高能状态运行。高速撞击的太空碎片会使自身

及被撞击的航天器表面材料气化为等离子体云,最终造成航天器故障;大的太空碎片与航天器高速碰撞时,将巨大的动能传递给航天器,使航天器的姿态改变,甚至改变航天器的轨道;当太空碎片的能量足够大时,将穿透航天器表面,使舱内氧气泄漏并威胁舱内航天员和仪器的安全,另外碎片可能穿透航天服,威胁舱外活动的航天员的生命安全。① 太空碎片与轨道上运行的航天器发生碰撞造成的破坏,其破坏程度取决于太空碎片的质量和速度。0.01～0.1 厘米的太空碎片对航天器的主要影响是使表面凹陷和磨损;0.1～1 厘米的太空碎片会影响航天器结构;大于 1 厘米的太空碎片会造成航天器相撞,也会造成航天器严重损坏。由于太空碎片是运动的,所以在碰撞事件中,即使很小的太空碎片与航天器相撞,也会造成航天器损坏。计算结果表明:在低地球轨道发生碰撞的平均速度为 9.1 千米每秒,峰值达 14 千米每秒,几厘米大小的空间垃圾金属的撞击相当于地面 130 千米每小时疾驰的小汽车的撞击。因此,直径仅几厘米的太空碎片与航天器相撞,就可能摧毁航天器或使舱内的航天员致死。② 太空碎片与航天器碰撞的概率与航天器大小有关:航天器越大,碰撞可能性越大;航天器在轨道上停留的时间越长,碰撞的机会越多。例如,直径为 3 毫米的太空碎片与截面直径为 10 厘米的航天器在 800 千米轨道上每年碰撞概率为 0.01。就是说,对于寿命为 10 年的航天器,碰撞概率可高达 0.1。

太空碎片对不同轨道的航天器的影响。① 在低地球轨道上,寿命长的航天器遭遇撞击似乎是不可避免的。对于近地轨道空间站,将面临中等尺寸太空碎片撞击的危险,这种尺寸的碎片多为直径 1～10 厘米的碎片。这种空间垃圾之所以最危险,原因是对空间站的金属防护层来说,这些尺寸的碎片太大,无法使它偏离空间站或失效;就地面雷达来说,这些碎片的尺寸又因太小无法跟踪,致使空间站不能采取躲避的防范措施。② 在地球同步轨道上,航天器碰撞概率比近地轨道小得多,主要原因为地球同步轨道上航天器的飞行速度要比近地轨道低得多;地球同步轨道距地面高达 35 786 千米,其周长约为 224 850 千米,两颗航天器若间隔 1 度,即相距 625 千米,而一般航天器的最大尺寸才 10 米左右,这样航天器的尺寸与两颗航天器之间的距离相比甚小;各航天器并不是严格处在同一高度的地球同步轨道上,而在高度层次上各不相同,因而碰撞可能性小;各航天器的轨道倾角也不是严格为 0 度,而都有小角度的差别,也使碰撞概率降低;在地球同步轨道上,目前航天器总数还不足 500 颗。但是,各国发射的对地球静止的通信卫星和地球观测卫星在逐年增多,尤其是商业化的通信卫星发射更频繁。这样,因燃料耗尽而失去控制的废弃卫星数量也逐年增加,它们不能脱离地球同步轨道却在轨道上漂移,因而可能造成碰撞的事件,一旦碰撞卫星碎片剧增,又会造成更多碰撞的可能性。当前,典型的地球静止轨道卫星在其工作寿命期间被太空碎片碰撞的可能性为 0.1%,估计今后 10 年碰撞的可能性每年上升 5%。这表明,从统计学上看如果卫星的寿命为 10 年,那么两颗卫星中就有一颗要遭到碰撞破坏,显然这是不能接受的风险。

第三节 太空安全环境防护

太空安全环境是影响太空安全的主要因素之一。其中,社会环境对太空安全的影响是深刻隐性的,主要表现为国家综合实力、国家安全保障和国际太空安全态势及国家科学技术水平,特别是航天科学技术水平对太空安全的影响。自然环境对太空安全的影响是外在显性的,据一些研究机构对国内外航天器的异常/故障分析结果,太空自然环境雄居各种故障因素的首位。据地球静止轨道航天器的故障原因统计,由太空环境的影响而引起的航天器故障数占总故障数的 40%。美国国家地球物理数据中心统计了 1971—1986 年间 39 颗地球静止或准静止轨道航天器的在轨异常,结果表明由空间带电粒子辐射引起的航天器故障占到了故障总数的 70%。在研究太空环境对太空安全影响的基础上,积极做好太空安全环境防护是十分重要的。

一、 社会环境的防护

(一) 国家安全环境防护

进入 21 世纪,国际安全形势复杂多变。美国西方单边主义、民粹主义抬头,世界多极化趋势有新发展,构建国际政治经济新秩序显得越发迫切。安全挑战与安全合作同步发展,全球军备竞赛出现新趋势,传统安全威胁程度并未明显减弱,反恐斗争继续呈僵持状态。在世界政治与安全格局的变化中,部分热点地区新的民族宗教矛盾正在酝酿形成,对世界各国的国际环境和国内发展产生了深刻的影响。世界各国都有维护国家安全环境的权力,任何国家在国际社会中都拥有平等的地位。针对日益复杂的国际安全形势,从维护国家安全环境需求出发,维护国家安全环境包括以下5个方面:

1. 争取维护国际安全话语权

维护世界和平,促进共同发展;特别是作为世界大国必须参与到国际安全事务之中,从建立人类命运共同体出发,旗帜鲜明地反对单边主义,反对世界霸权。

2. 保持国内政治稳定

加强意识形态领域斗争,反对以富压贫,恃强凌弱,尊重别国的独立自主、民族利益、政治制度,不搞一切问题政治化;同时,反对民族分裂主义,坚决打击恐怖主义和宗教极端主义势力。

3. 增强国家的综合实力

结合本国的实际情况,加强国民经济建设,提高国民生活水平;有针对性地提升国防实力,增强抵御国外入侵能力。鼓励科技创新,促进工业体系转型发展。

4. 加强国家安全保障力量建设

构筑软实力,强化新战略安全观。以国家为安全主体,确保主权安全;以合作安全为实现安全的途径,达成"共同安全"和"普遍安全"的目标。

5. 改善国家的外部环境

致力于发展新型国家关系,积极推动国际战略平衡,广交天下朋友,扩大自己的安全空间;坚持包容整体利益的"双赢"策略,在国家利益基础上构筑良好互动、多边平衡的新机制;在不损害国家核心利益前提下,创新国家安全体制和区域合作机制。

(二)国际太空战略环境防护

太空日趋凸显的重要地位,促使各国不断提升太空安全的地位,世界主要大国相继将太空安全纳入国家安全的重要领域,寻求太空利益正在催生国际安全新秩序。太空安全体系构建、太空命运共同体的倡议对推动人类共同安全和发展日益重要。构建良好的国际太空安全战略环境,既是人类和平开发利用太空的需要,也是实现国家太空战略意图和安全发展利益的需要。

1. 坚决反对太空军事化

冷战期间,太空安全以核威慑背景下的国家政治与军事安全为中心,美、苏两个超级大国展开了激烈的"太空竞赛"。进入 21 世纪,国际上参与太空活动国家的数量迅速增加,导致太空轨道频谱资源紧缺,太空碎片数量快速增长。特别是美国与西方强国加快发展太空对抗技术与手段,太空武器化难以逆转,太空军事化进程加快,全球太空安全治理面临严峻挑战。因此,为了人类共同建立美好太空家园,必须遏制太空军事化进程,维护国际太空战略环境。

2. 制定并完善太空规则制度

虽然,目前以《外空条约》为主,《营救协定》、《责任公约》、《登记公约》和《月球协定》为补充,构建起了国际太空法规体系,但是针对不同国家和太空管理的需要,现有太空法规还有触及不到的地方,如卫星设计规则、发射段安全规则、轨道分区规则、在轨运行段规则、信息登记与公开规则等,太空法规也存在对国际民用航空、国际电信不相衔接的问题。为此,一方面要不断完善国际太空法规体系;另一方面,针对一些国家制定的不公平法规制度,要尽快制定并颁布国家"太空基本法",通过立法确立太空战略定位,加强太空领域集中统一管理,将发展太空事业、维护太空安全纳入法制化轨道。

3. 有效解决太空战略利益分歧

近些年,世界各国竞相制定太空战略,不断加大太空领域的投入,为了维护本国的太空利益,相继出台了本国的航天法律法规制度。这些国家的太空法律法规在很多方面相互矛盾,有些侵害其他国家的利益,对国际太空治理产生不利影响。为了解决太空战略利益分歧,国际太空组织可以共同开发数据共享系统,制定太空应用技术指南和安全标准,也可以委托一些国家来制定太空应用技术指标和安全标准,在其国内应用的同时,向国际推广。

(三)科学技术的发展及其应用环境防护

21 世纪是科学技术全面发展和科学理性充分发展的世纪,世界科技革命开始向更高的阶段迈进。新的科学发现和技术发明,特别是高技术的不断创新及其产业化,将对全球化的竞争和综合国力的提高、对世界的发展和人类文明的进步产生更加巨大而深刻的影响,因此,维护科学技术的发展及其应用环境具有重要意义。

1. 顺应科技进步大方向和产业革命大趋势

近年来,以互联网、大数据、云计算、人工智能、新能源、新材料、智能制造等为代表的新科技革命加速带动产业变革,对世界发展产生了重大影响。在资本助推下,许多新领域的先行者迅速成长为"独角兽",奠定在行业内的领先地位。太空产业必须与新技术、新业态相结合,才能得到快速发展。因此,要加强太空领域重大创新战略研判和前瞻部署,争取在重要科技领域成为领跑者,在新兴前沿交叉领域成为开拓者。要统筹做好与技术发展大趋势相匹配的太空产业规划和布局,努力开辟新的太空产业发展方向和重点领域,培育新的技术增长点。

2. 加大基础学科领域的技术创新

历史已经证明,只有在基础学科领域取得创新,才能真正掌握竞争和发展的主动权,才能从根本上保障国家经济安全、国防安全和其他安全。要坚持主动跟进、精心选择、有所为有所不为的方针,提高技术认知力,加强独创性设计,发展独有的"杀手锏"。要加强战略层面的统筹协调,充分发挥国家战略科技力量作用,加大在原始基础理论、基本算法、底层技术、通用工具、通用模块等方面的研究力量,增强对产业技术生态的整体影响力,打破核心技术、标准体系等受制于人的局面。

3. 不断完善科学创新体系

加强国际科学技术合作,在关系人类生存发展的科技领域、基础性科学技术研究中,采取国际联合攻关方式,提高科研质量和效益。必须充分发挥市场在创新资源配置中的决定性作用,推动企业成为技术创新决策、研发投入、科研组织和成果转化的主体,培育一批核心技术能力突出、集成创新能力强的创新型领军企业。要加大在科研成果转化、知识产权保护、金融扶持等方面的工作力度,形成有利于创新的政策环境和制度环境。

4. 有效引导科技进步为社会服务

针对太空科技可能带来的社会外溢效应,要加快太空科技安全预警监测体系建设,从技术安全、道德伦理、公众接受程度等方面做好评估预警。特别是在公共服务领域引入的新技术,应用前必须进行充分的咨询论证,做到防患于未然。当前,北斗卫星、卫星通信、卫星遥感逐步应用于社会,要及时跟进制定相关法律法规和技术标准,让太空技术的应用既满足社会需求,又有规可循、有章可守,形成良性发展的格局。

二、 自然环境的防护

(一) 对地球大气影响的防护

中高层大气环境对航天器的影响比较复杂,通常都是几种因素复合作用于航天器上,比如紫外和原子氧的复合侵蚀作用、大气运动和自阻尼对航天器速度的影响等。下面简单介绍几种典型的大气环境影响的防护措施。

克服大气阻力。对于低轨道航天器,由于大气阻力的影响,需要定时进行轨道维持,以防止轨道的持续性下降。通过轨道维持减小大气阻力带来的影响,更换更小的太阳电池翼,也可以减小空气阻力影响。

克服辉光效应。为了减小辉光现象的影响,有人提议在航天器外表面使用不易产生辉光的材料。对 LEO 轨道航天器,通常将遥感设备的方向调整到指向尾迹方向,或者允许在出现辉光现象时降低图像质量。为减少辉光现象,可将遥感设备对准航天器的尾迹,或者远离可能出现辉光现象的物体表面,或者选择合适的材料来降低辉光强度。

(二) 对电离层影响的防护

针对电离层对航天器的几种原子氧侵蚀和表面充电效应进行防护。

原子氧侵蚀防护。一是使用抗原子氧侵蚀新材料,研究表明,聚合物经过氟化处理、添加 Si 成分可以提高抗原子氧侵蚀的能力,如纯氟化聚苯乙烯等;二是使用防原子氧涂层,与更换材料相比更为便捷有效,氧化铝、二氧化硅是应用最为广泛的防护涂层。

表面充电效应防护。防护主要包括被动防护和电位主动控制方法。被动防护主要通过结构设计、材料选择、接地设计、屏蔽等方法,电位主动控制方法是对航天器表面电位进行控制。

(三) 对地磁场影响的防护

在非磁稳定的航天器中,电流环路或铁磁所产生的剩磁,会导致航天器在运动方向上出现摄动,因而需要将扰动力矩考虑在内。应仔细设计太阳电池阵中的电路和航天器中的线路,从而使电流回路最少。除了在地面消除航天器的磁性之外,在航天器上可以装置线圈,通以适当电流,以控制卫星自旋和姿态;也可以安装磁棒,使卫星自转轴始终沿着磁场方向。在自旋卫星中,可以通过锤摆在永磁铁之间运动产生章动阻尼。锤摆的运动可以在内部产生涡电流,耗散航天器的章动能量,以使卫星能够保持正常的旋转轴方向。

(四)对空间粒子影响的防护

1. 辐射损伤防护

利用表面加固进行辐射屏蔽是载人航天进行辐射防护的基本方法。带电粒子的能量将在穿过物质的过程中逐渐损失,直至捕获足够多的电子而最终停止下来。当屏蔽材料的厚度大于带电粒子在材料中的射程时,该粒子将被阻止在材料中。因此一定厚度的材料能够屏蔽一定范围能量的粒子辐射,并使该粒子的能量降低。

2. 静电防护

航天器在轨运行过程中,其表面可能由于充电而引起充放电效应。为此,需要对航天器表面材料进行防静电处理。由于航天器外表面大部分被用于温控的热控涂层所覆盖,所以可以通过提高热控涂层的导电性能来达到防静电的目的。如在镜反射热控涂层外表面镀一层氧化铟锡透明导电薄膜,在涂料型热控涂层中添加导电组分等。具有导电性能的热控涂层也称为防静电热控涂层。

3. 空间辐射防护结构

(1)局部防护结构。利用质量屏蔽对航天器进行辐射防护,通常要求尽量实现各向均匀分布,可将航天器舱内各种仪器、设备、燃料等物质进行优化布局,以获得航天器舱内敏感器件或航天员舱比较均匀的质量屏蔽厚度。然而,针对敏感器件、部组件或航天员及其敏感部位,为防范潜在的瞬态高强度空间辐射,例如太阳粒子事件,可采取局部屏蔽防护的方法,对敏感部位单独增加屏蔽层、屏蔽舱或者应急屏蔽室(对航天员),以实现在瞬态高强度环境下对较敏感器件的辐射屏蔽。

(2)整体防护结构。从辐射防护的主动性来说,可以分为被动防护和主动防护。被动防护是指采用各种材料对敏感部位进行辐射屏蔽。主动防护是指利用静电场、等离子体、磁场等主动手段抑制高能粒子进入被保护对象。可利用磁场或电场把带电粒子从航天器引离,从而实现辐射防护。一般防护高能质子可用人工磁场,防护电子可用人工电场。这也是目前国际上研究的热点。空间高能带电粒子主动防护技术主要有三大类:静电场主动防护技术、超导磁场主动防护技术及利用电场和磁场协同的主动防护技术。

(五)太空碎片对航天器的影响防护

1. 局部防护

对于航天器舱外一些裸露的散热器片和散热器管道等,根据需要,可以进行局部防护,附加材质坚固的外壳以避免太空碎片撞击。

2. 弗雷德·惠普尔(Whipple)防护方案及其改型

在 20 世纪 80 年代及其以前升空的航天器所采用的防护方案,主要是基于 1947 年 Whipple 提出的 Whipple 防护,用于防护微流星,其主导思想为在舱壁的外面加上一层防护屏,如"阿波罗"号飞船、"礼炮"号空间站、"天空实验室"空间站等的防护都是 Whipple 防护。20 世纪 80 年代末期以来,主要是结合原"自由"号空间站和现在的国际空间站,对微流星和太空碎片防护方案进行研究,将 Whipple 防护的整体防护屏改为同等质量的波纹防护屏,采用复合材料、金属基和陶瓷基复合材料作防护屏等。

3. 各种多层防护屏防护

主要有填充 Whipple 防护(SWS 防护)、网格双防护屏防护(MDB)、纳克斯泰尔(Nextel)多层冲击防护(MSS)、混合 Nextel/铝多层冲击防护等,提升防护性能,并尽可能减轻防护质量。

第七章　太空安全保障

随着太空系统安全事件对人类社会运行的影响愈发深远,太空安全问题受到极大关注,航天大国激烈竞争背景下的太空安全保障问题也由此显得尤为突出。作为新型安全领域,太空安全与政治、经济、科技、军事、电磁、网络等深度融合,使得太空安全保障成为多领域、多学科交叉的综合性问题。太空安全是国家安全的重要组成部分,太空安全保障伴随着航天事业的发展逐渐形成并不断完善,日益成为国家安全保障体系不可或缺的重要内容。

太空安全保障是确保太空领域安全要素、功能和能力达到所要求的安全性目标而开展的活动和采取的措施。从主客体及其关系的角度来看,太空安全保障涉及保障力量、保障机制和保障活动等内容,其中,保障力量是保障机制和保障活动的主体,保障机制是太空安全体系顺畅高效运行的关键,保障活动是实现太空安全的具体过程。

第一节　太空安全保障力量

太空安全保障力量是实施太空安全保障活动和建立太空安全保障机制的主体,是生成和提升太空安全能力的基础,是实现太空安全的前提。

一、　太空安全保障力量的含义

太空安全保障力量是指为防止和消除各种威胁太空领域安全的活动(因素),建立或形成的太空安全保障组织或机构实体,广义上包括国际实体、国家实体、组织实体和太空行为实体,狭义一般指国家。通常包括国际(区域)太空安全力量、国家(政府)专业力量、商业及非政府行为实体等,涉及职能任务和业务活动两个方面。

太空安全保障力量的基本职能任务是构建太空安全保障体系,提升太空安全保障能力,以太空安全保障政策和机制为指导,开展太空安全保障业务和活动,以防止和消除各种威胁甚至危害太空领域安全的活动或因素,建立太空活动所需的安全环境。

太空安全保障力量的业务和活动内容围绕履行太空安全保障任务展开,是太空安全保障力量发挥太空安全保障职能作用的具体体现,具体业务和活动涵盖保障力量队伍、保障能力、保障政策机制和保障手段等与保障体系相关的要素建设。

二、 太空安全保障的组织机构

太空安全保障的组织机构是以保障太空安全为目的而建立、在太空安全保障活动中承担运行管理职能的机构,是太空安全保障力量队伍和活动的领导主体。就社会性质与公共特点而言,太空安全保障的组织机构可以分为"公开"和"非公开"两种基本类型。在保障国家太空安全的活动中,公开机构和非公开机构是太空安全保障力量的两大基本支撑,缺一不可。按主体地位和作用发挥,太空安全保障职能的组织机构分为专职保障机构和非专职保障机构。专职保障机构是以保障太空安全为基本职能而设立的专业机构,如保障太空安全的军事力量、国家航天部门、国家太空安全中心等专职机构;非专职保障机构是以其他目的建立但从一定程度上负有太空安全保障职责的相关组织机构,如经济、科技、教育、文化、贸易、外事、体育等部门。

(一) 组织公开活动的机构

组织太空安全保障公开活动的机构主要包括联合国太空组织、国际(区域)太空组织、各国的军队、政府航天管理部门、航天科研院所、商业航天机构等专职机构,以及经济、科技、教育、文化等领域的非专职机构,通过相应的机制开展涉及太空安全保障的活动。

联合国、国际(区域)太空组织是保障太空安全力量的重要组成部分,在构建和维护太空安全环境中发挥着不可或缺的关键作用。这些机构包含各国政府间公认的国际太空事务协调机构和非政府民间组织等。国际太空事务协调机构如联合国外空委、国际电信联盟、国际民用航空组织、机构间太空碎片协调委员会等;非政府间组织如国际天文观测爱好者组织、加拿大麦吉尔大学的外空军事利用国际法适用手册(MILAMOS)法则谈判的专家组织等。政府间国际公认的太空事务机构在外空军控、外空探索、行为规范、技术标准等方面发挥着关键作用。而非政府间组织也在涉及太空环境和太空探索等方面起到补充作用。如国际天文学联合会（IAU）针对 SpaceX 公司的"星链"卫星严重干扰光学和射电望远镜进行天文观测的问题提出批评后，迫使 SpaceX 公司寻求解决方案，一定程度有利于开展近地轨道安全观测。

军队是国家安全和军事安全的专职保障机构，是国家（政治集团）为准备、实施战争或军事行动而建立的专门的武装组织。太空安全作为国家安全的重要组成部分，自然也是军队针对太空领域安全威胁采取保障行动、履行保障职能使命的重要方面。世界上主要航天国家都建有专职保障太空安全的军事力量。作为全球头号航天强国，美国自 20 世纪 80 年代就在空军内部设立了从事军事太空活动的太空部队。2019 年 2 月，时任美国总统特朗普签署建立太空军的 4 号太空政策令，2019 年 12 月公布的《2020 财年国防授权法案》正式立法组建独立军种形态的太空军，承担维护太空领域美国国家安全和利益的专属职能。俄罗斯也在 20 世纪 90 年代设立了航天兵，2015 年 8 月与空军、空天防御军合并为空天军，承担空天防御和太空安全保障职能。2018 年至 2020 年期间，日本、法国、英国、德国等国先后设立了太空司令部或太空部队。印度设立了国家太空研发机构统管政府和军队太空力量，都是保障太空安全的公开专职机构。

政府航天管理部门是政府机构中的民用和商业航天事务行政主管单位，承担保障民商航天利益的主要职能。太空活动中的战略政策、技术研发、科学探索、国际合作、产业发展、商贸交流、文化传播等事务，都涉及太空领域的国家利益，从而也关系到太空安全相关问题。如，太空科技研发中的高精尖技术或颠覆性技术突破，属于国家战略技术能力，与保持国家战略能力优势直接相关，政府航天科技管理部门需要履行太空科技安全保障职能，通过自主知识产权保护等手段防止尖端技术扩散，以免导致国家自身战略科技能力的削弱或由于先进技术的非法应用危及国家自身安全。这类机构如美国的 NASA、国家侦察局（NRO）、交通部、商务部、国家安全局等，日本宇宙开发机构、澳大利亚国家航天局等，都不同程度承担太空安全保障的管理职能任务。美国商务部负责太空交通管理和太空态势感知数据体系建设，从国际规则和技术标准制定到在轨航天器建设管理等多方面入手，加强服务于美国太空安全的综合能力建设。

航天科研院所是以航天领域政策、科技、产业、理论等研究工作为主要任务的机构,同时承担相应方向太空安全保障的部分辅助职能,是政府航天管理部门行政职能的重要补充。如,北京理工大学空天政策与法律研究院、加拿大麦吉尔大学空天法律中心等机构的研究人员开展国际太空政策法规研究工作,在联合国框架外就太空交通管理、太空操控、行星防御、自卫权等现实问题组织专家谈判,形成带有行业约束性的非政府间法律条文。这些机构参与研究的人员承担着准政府角色,在涉及国家太空安全利益的国际性政策方面,发挥太空安全保障作用,属于保障太空安全的公开专职机构。

商业航天机构是从事商业航天产业、发展航天经济的商业实体,不属于保障太空安全的专职机构,但在从事商业航天活动中,也扮演着维护国家商业航天市场良性发展、实现商业航天产业生态的角色,一定程度上从产业发展、商贸交流等角度也为国家太空安全利益提供保障。如,美国SpaceX、蓝色起源、哈里斯等商业航天公司,从美军国防部、太空发展局、国家侦察局、太空军等军事机构承接航天装备系统研发建设项目,将商业航天技术引入军工装备研制生产,同时也为民商实体提供商业航天应用产品,在培育国际商业航天市场、促进本国商业航天产业发展中发挥主体作用,但同时也通过低成本抢夺国际航天市场份额为维护太空领域的美国商业经济利益提供支持。

(二)组织非公开活动的机构

国家太空安全保障的非公开活动组织机构指以非公开(隐蔽)方式从事太空安全保障活动的组织与机构实体,包括非公开机构和公开机构的非公开实体。这些机构的活动形态一般为太空领域的情报、反间谍、安全保卫等非公开方式。这些机构或实体的名称因国家、时期不同而不同,但其任务基本相近,主要通过非公开(隐蔽)行动来保障国家太空安全,通常是国家安全保障机构的组成部分之一。开展非公开活动的太空领域国家安全机构或实体,是保障国家太空安全的特殊部门,承担的任务相较于其他部门有其特殊性。

我国的国家安全部和所属各级地方安全机关,是我国以非公开方式从事保障国家安全活动的专职机构。按照《国家安全法》规定,国家安全机关是隐蔽战线国家安全工作的主管机关,也肩负着隐蔽战线上从事保障国家太空安全活动的专职任务。

在国外,同样设有保障太空安全的国家安全专职机构,以美国为例,美国从事太空安全保障的非公开机构一般均属于情报界成员机构。美国情报体系下设两个独立机构——国家情报总监办公室和中央情报局,除美国能源部、国土安全部、司法部、国务院和财政部下属的 7 个单位外,国防部下辖的 8 个单位是该体系的主要成员,即国防情报局、国家安全局、国家地理空间情报局、国家侦察局和陆军、空军、海军、海军陆战队的军种情报单位,太空军也于 2020 年 12 月开始纳入情报体系成为第 18 个成员。其中,中央情报局(CIA)是美国政府根据《国家安全法》设置的由总统直管的专职情报机构,是美国最大的情报机构和情报体系的协调总机关,局长由美国总统任命,同时担任总统和国会的高级情报顾问。国家侦察局总部设在五角大楼,管理着大量的民用和军用卫星及其他航天器,能够对地球和地月空间轨道环境进行全维度的感知和监视,直接为太空安全威胁信息获取和安全防护响应提供支持。国家安全局(NSA)又称国家保密局,隶属于美国国防部,总部设在华盛顿以北的马里兰州米德堡,其主要任务是通过侦察卫星和遍布全世界的监听站,截获世界各国的无线电通信信号,侦察各国的军事动向,破译各国的密码,搜集各国的信息资料,揭露潜伏间谍的通信联络活动,为美国政府提供各种加工整理的情报资料,负责为国家研制密码、新式通信设备及通信安全设备,其提供的情报在美国政府每天获取的秘密情报中占比约 85%,有世界最大的"超级情报机构"之称。

太空安全保障机构的非公开活动还体现在特殊机构的隐蔽战线与隐蔽活动中。2020 年 11 月,美国太空军成立了从事轨道战的第 9"德尔塔"分队,用于在轨道上从事秘密活动。美国国际与战略研究中心、世界安全基金会、新美国安全中心等智库曾多次发布报告,指出俄罗斯"宇宙"2538等多个卫星对美国卫星进行了近距离的在轨接近,对美国太空资产构成威胁。同样,美国各轨道航天器也常态性地对其他国家航天器进行秘密接近甚至干扰破坏活动,地球同步轨道的地球同步轨道态势感知计划(GSSAP)、老鹰等卫星在高轨道对他国卫星进行高频次秘密接近侦察和扰乱活动,中低轨道卫星星座对太平洋地区的主要国家连续地进行高分辨力监视,获取关键战略目标的动向信息。这些都给被侦察和被干扰的国家开展非公开(隐蔽)太空安全保障活动带来了挑战和威胁。

三、 太空安全保障的力量队伍

太空安全保障的力量队伍是在太空安全保障活动中承担任务实施职能的实体,是建设太空安全保障能力和开展太空安全保障活动的具体执行主体。太空安全保障队伍在具体任务中接受太空安全保障组织机构的领导管理,属于太空安全保障能力硬件中的底层基石。结合太空安全保障的组织机构分类,根据力量队伍在太空安全能力建设和保障活动中的地位作用与运行特性,太空安全保障队伍可分为国家(政府)专职队伍、非政府组织与行为实体、航天领域的商业队伍等;就保障活动的社会性质与公共特点而言,可分为公开的保障队伍和非公开的保障队伍。在国家、政府专职队伍和非政府组织及行为实体中,既有公开保障队伍,也有非公开保障队伍;航天领域的商业队伍通常都是公开保障队伍,尽管有的商业队伍可能从事一些非公开活动,但并不影响其公开队伍的一般定位。

(一)国家(政府)专职队伍

国家和政府的太空安全保障专职队伍主要指由国家和政府设立的民用航天工业部门、科技单位和负责保障军事安全的部队等。他们是太空安全保障的"国家队"和"正规军"。

民用航天工业部门和科技单位是国家和政府太空安全保障的主力之一。诺斯罗普·格鲁曼、洛克希德·马丁、波音、空天公司等军工企业都是美国航天工业部门和科技单位的龙头,拥有大量承担相关任务的人员,截至2019年4月,美国全国太空领域从业人员总量达到近18万人。这些工业部门以美国国防部、NASA、太空军等管理部门和机构实施的各类大型航天工程项目和前瞻性技术探索项目为牵引,进行大量的民用航天技术研发和太空科学研究,为美国提升航天科技能力提供坚实的基础支撑。比如,"阿波罗"计划为美国登月和"深空门廊"计划打下坚实基础,轨道环境科学研究中开展的行星探测与防御项目为提升在轨航天器防护能力提供了技术储备,在航天动力与大吨位发射输送、在轨驻留、自主智能系统等众多方面,提供从科技研发转化为现实能力的强大支撑,能够为国家紧急状况下的应急发射、航天器长期驻轨、载人驻留、航天器威胁探测与智能防御等提供大量技术支持,因而为保障太空安全提供了现实的能力基础。

太空部队是提供国家和政府太空安全保障的核心主力。近年来,美国、俄罗斯、法国、日本、印度等国都加大了太空部队建设力度,美国太空部队人员规模总量达到 8～10 万人,俄罗斯航天兵编制人数为 7～9 万人,这些庞大数量的军事力量和专职队伍通过面向军事能力建设和运用的活动,确保航天资产运行安全,太空利益不受侵害,太空活动不受制约等,为这些国家的太空安全提供可靠的安全保障。

(二)非政府组织与行为实体

非政府组织和行为实体是太空安全保障活动的重要参与队伍,是国家和政府太空安全保障力量的重要补充。这些组织和实体包括独自开展太空活动的利益体、从事太空安全问题研究的专业智库和民间爱好者团体等。专业智库在这些组织或实体中是比较典型的代表。美国空天公司、战略与国际研究中心(CSIS)、预算与战略评估中心(CBSA)、安全世界基金会(SWF)、2049 研究所等都是比较有名的太空领域安全问题研究智库,他们广泛研究涉及太空领域安全的现实问题,为美国政府和军方围绕维护太空安全和保障太空利益的决策提供支持。以 CSIS 为例,该智库创立于 1962 年冷战高峰期,以"强硬路线之家"和"冷战思想库"著称,位列全球十大知名智库前四,每年在美国国会和众参两院参与几十场涉及国家安全的重大政策听证会并作提案,深度影响美国内政外交和国家安全问题决策。2016 年设立的空天安全项目聚焦太空安全与空天作战概念、民用与商业太空等领域。2016 年 11 月还曾和 SWF 联合举行"太空危机动态机理与不确定性"虚拟演习,推演了三种太空对抗态势升级演变想定,并总结了五大经验与能力发展建议,机构间交流密切深入;2017 年 10 月曾发布《第二个太空时代的态势升级与威慑》报告,2018 年 3 月曾在众议院武装部队委员会论述备战太空必须关注的重大事项。

(三)航天领域的商业队伍

航天领域的商业队伍是太空安全保障活动不可或缺也不可忽视的活跃因子,是在太空安全保障中发挥重要作用的有益补充。相比于国家和政府专职队伍,商业航天队伍虽为"非正规军",但随着商业航天技术的发展和商业公司的发展壮大,它们在太空安全保障活动中发挥着越来越突出的作用。近些年,美国商业航天发展迅猛,涌现了一批行业巨头,也孵化了大量小微航天商企。大型航天商业队伍的典型代表如 SpaceX、蓝色起源、维珍银河、L3 哈里斯等公司,在国家安全发射、快速响应发射、国防太空架构等美国政府和军事太空能力建设中发挥了重要的作用。同时,在直接关系到太空安全能力的态势感知与交通管理领域,一些新型航天商企正在不断发展。如美国分析图形有限公司(AGI)的商业太空运维中心,为美军联合太空行动中心(JSpOC)和太空数据协会(SDA)研发全球顶级太空态势感知(SSA)产品和方案,对地球轨道的近万个公开目标进行跟踪分析;创建于 2016 年的低地轨道实验室(LEOLABS)公司、外部分析方案(ExoAnalytic Solutions)公司提供低轨道(LEO)高分辨率观测和态势感知服务,具备快速确定轨道、识别轨道目标、异常检测告警和在轨避碰等多种能力,能够为太空安全保障提供强大的支持。

第二节　太空安全保障机制

太空安全保障机制是太空安全保障力量开展安全保障活动的基础,为开展太空安全保障活动提供指导。太空安全保障机制体现的是国家从事太空安全的途径和方法,是太空安全保障工作的重要组成要素。

一、　太空安全保障机制的基本含义

太空安全保障的终极目标是实现太空安全,航天活动的复杂性、体系性、高风险性、高消耗性使得太空安全本身成为一项系统工程,而太空安全保障机制则是为解决复杂体系性安全问题而设计的运行框架。

太空安全保障机制是太空活动实体(狭义指国家,下同)为防止和消除各种威胁甚至危害太空安全的活动或因素,所建立或形成的太空安全防控机制。太空安全保障机制是太空安全保障体系和国家太空安全保障机制的重要组成部分。理解太空安全保障机制,可以从目的、本质、作用、特点等方面进行考虑。

太空领域国家安全战略、政策是太空安全保障机制的顶层指导和目标需求来源。太空安全保障应当在太空安全战略的指导下,建立与之相关的政策制度,确立促成机制形成和运行的规则、标准规范与法规保障。太空领域的国家政策制度为太空安全保障机制提供总指导和保障总框架,是太空安全保障机制建立的总依据,具体形式一般为太空安全战略或太空安全政策。太空安全保障的标准规范提供具体依据和指导,运行规则为保障机制提供运行的组织形式和执行方式的具体约束,相关法规为机制运行提供合法性章程保证。作为世界航天强国,美国非常注重通过制定国际法律规则、国内制度规范和行业标准建立国家太空安全保障机制。如近年来,美国国家太空安全部门积极推动"完善和修订各国政府间互动的标准规范、规则和法律法规",着力增强"北约"盟友的太空集体安全框架。

太空安全保障机制的作用是防范、消除威胁甚至危害太空安全的因素。太空安全保障机制是一种实现太空安全的防控机制,包含了事前预防和事中消除、打击的潜在含义,属于被动型的防控机制。如果一国太空实力过于强大,且国家安全保障框架下的太空安全保障体系建设和保障机制设置呈现出进攻性,也并不影响太空安全保障的被动防控本质。如果运用安全保障机制对他国发动危及太空领域安全的战争或侵略活动,侵害他国太空安全主权利益,则超出太空安全保障机制的本质范畴,不属于严格意义上的太空安全保障机制了。此外,从太空安全保障机制的功能来看,应当既包括平时慑止和预防太空威胁,也包括战时在太空域打击侵略、消除破坏与危害。

太空安全保障机制具有时代性和适用性特征,需要随着时间阶段的变迁和太空安全环境的变化不断发展演化,并结合各国国情和太空安全需求实际加以调整完善。不同于传统的政治、军事、科技、外交等安全领域的普适性,太空安全作为新兴领域,受到太空科技发展与应用程度的制约。随着太空活动的开展和深入,太空安全保障的新需求不断出现,产生了从无到有、从有到精的变化;同时,不同时期的太空科技发展程度不同,技术的进步将改变太空安全的具体表现形式和重点,维护太空安全的技术手段也会发生变化,随之而变的必然是保障机制的具体实现方式;太空活动门槛降低和太空应用需求增多,使得太空国家和其他实体不断增多、太空活动不断拓展,先进太空科技发展与应用持续更新,太空自然环境动态变化,进而使得太空安全环境不断变化,太空安全保障机制会受到上述多重因素影响;而对于不同的国家,太空安全保障需求差异也导致保障机制不同,机制的建立应与本国国情相适应。

二、 太空安全保障机制建设内容

太空安全保障机制建设的内容是以保障力量为基础和前提的功能性构建,为太空安全保障力量发挥职能作用,提供支持。其主要包括以保障国家太空安全为目的而制定的太空安全政策、制度、行业规范与标准准则等,还包括舆论环境、技术框架等。

(一)国家太空安全保障体制与制度

国家太空安全保障体制和制度涉及国家的政治、军事、经济、科技、网络、文化、教育、外交、资源、生物等各个领域和层次。在太空科技和应用取得长足发展的航天国家,通常太空领域的制度健全,法治高效执行,太空安全保障机制的功能发挥和运行效能就更加良好有序。历史上,美、俄等航天强国的历届政府都发布了多项国家、国防、商业等多个层次的太空法律法规,从多个维度构建保障国家太空利益的安全机制。如,美国自2018年以来,先后发布了简化商业利用太空监管、国家太空交通管理、太空系统网络安全准则等多项国家航天政策指令,明确了国家开展商业太空采办、太空态势感知共享与卫星监管、太空系统电磁网络安全等方面的监管制度,为从商业技术应用、行业数据监管、网络安全防护等方面保障国家太空安全提供支撑。2020年6月,美国防部发布《国防太空战略》概要,在未来10年,通过太空建立全面的军事优势,将太空力量整合到联合力量和联合行动中,塑造战略环境,与盟国、合作伙伴、业界和其他美国政府部门和机构合作,实现维持太空优势,提供太空支持,确保太空稳定等三个目标,以增强美国的太空能力。日本政府2020年6月发布未来10年的基本太空政策,是日本五年来首次修改太空政策,其中包括确保太空安全的关键内容。

(二)太空领域的国际法规和规则规范

冷战时期,美苏在太空展开军备竞赛,双方都希望通过制定"博弈规则"来限制对方,因此争相主导国际条约的制定。现有的国际空间法律框架就是在美苏谈判妥协的基础上形成的,主要体现了美苏防御性太空军事利用的战略利益,包括《外空条约》、《营救协定》、《责任公约》、《登记公约》和《月球协定》,确立了以和平利用为基础的国际法基本原则和制度,为维护国际太空安全提供了基本法律保障。由于特殊历史条件的限制,现有外空条约体系很难适应日益复杂多元的太空安全形势。随着外空活动从美苏两极走向国际多极,早期形成的国际外空法律体系已经难以满足当今太空力量战略格局的利益平衡需要。近年来,围绕太空安全的国际规则多边博弈日趋激烈,在联合国机制内主要形成了防止在外空放置武器、防止对外空物体使用或威胁使用武力条约(PPWT)、透明与建立信任措施(TCBM)、承诺不首先在外空部署武器(NFP)、太空活动长期可持续性(LTS)、太空交通管理等谈判进程,在联合国机制外欧盟积极推动外空活动行为准则(ICOC)的多边磋商。其中,TCBM 和 LTS 主要体现了美国强调责任的"太空环境可持续和稳定"的新太空安全观,目前最为活跃、成效最为显著的当属 LTS 谈判,联大 LTS 谈判已经共商通过了 21 项条款。从 2015 年开始,联合国外空委法律小组设立了"太空交通管理"的有关议题,涉及太空活动和行为的监管问题。未来太空军事化发展与国际社会防止太空军事化及军备竞赛的努力将交织在一起。与核军控一样,太空军控措施的实施也存在技术方面的难题,如核查手段、碰撞预警、数据共享等。因此,在未来相当长的时间内,外空军控仍需通过国际政治与外交活动多方磋商解决,就达成具有法律约束力的全面限制太空军备试验、生产、部署的条约或国际性通用规范而言,条件与时机尚不成熟。出于不同的战略利益和政治目的,有关国家和组织已着手制定新的太空规则,对太空军备控制进行战略布局。美为达成"控制太空"的霸权图谋,建立美国主导下的太空新秩序,明确提出将主导制定太空相关数据标准,适时推出太空行为准则和军控措施。根据核军控发展历程不难预见,美在具备太空攻防作战能力后,必将利用军控手段限制他国发展太空武器装备。俄、日、印等航天大国也将有选择地参与太空军控活动和规则制定。

(三)太空舆论法理斗争联盟和策略运用

太空领域的国际舆论对于国家和平利用太空,发展太空事业,维护国家太空利益等方面能够造成极大影响。尤其是西方某些霸权国家采取针对竞争对手国家的无端污化和指责抹黑,会对其国际形象造成负面影响。应对侵害国家利益、危害太空安全的舆论局势,需要建立应对国际舆论的有效的保障机制。近几年，美国佩洛西、罗杰斯、雷蒙德等高官公开指责俄罗斯、中国等国家发展太空武器、威胁全球太空安全。美导弹防御局、国防情报局、空天情报中心等政府机构和战略与国际研究中心、安全世界基金会等民商智库持续发布报告，宣扬俄、中等国的威胁论调，频繁渲染太空军事对抗形势，刻意营造军备竞赛紧张氛围，恶意歪曲有关国家和平探索外空的活动。美还将加大以太空威胁论调持续对俄、中等国的抹黑力度，意图以舆论胁迫并污化这些国家的国际形象，误导全球抵制人类命运共同体理念。

第三节　太空安全保障活动

太空安全保障活动的最终目标是维护国家太空领域安全利益，太空安全保障方式与太空安全保障力量、手段直接相关，保障效果受限于保障能力。

一、 太空安全保障活动的基本含义

太空安全保障活动属于国家安全领域安全活动的范畴。一般而言，太空安全保障活动是指一个太空活动实体为保障太空活动安全有序进行，促进积极因素形成，消除消极因素，通过各种方法手段防止、消除和打击威胁或危害太空活动安全的各种因素与行为。就国家太空安全活动而言，这种活动围绕太空安全这个中心，涉及影响国家安全的政治、军事、法律、外交、情报等多个方面，从类型和范畴上包括公开活动与秘密活动、硬手段和软手段、主动活动和被动活动，等等。

太空安全属于新兴领域国家安全，太空安全保障活动既有国家安全保障活动的共性内容，也有新兴领域安全保障活动的特性要素。太空安全问题源于太空，从地外流星闯入地球大气威胁人类生存安全的角度来看，太空安全问题的出现早于 20 世纪 50 年代。就人类活动引发的太空安全问题而言，太空安全保障活动可以追溯到 1957 年苏联成功发射首颗人造卫星"斯普特尼克"。20 世纪 50 年代末，洲际弹道导弹成为最高效的核投掷手段。苏联提出了发展"部分轨道轰炸系统（FOBS）"的构想，试图将核弹绕过南极洲对美国本土进行攻击。1958 年美国空军启动"防御者"计划,开始"弹道导弹助推段拦截器"项目,将拦截装置搭载在特种卫星上,对苏联的导弹进行拦截。从这一时间起,人类的太空活动与由此引发的太空安全保障问题走上历史舞台。从一定角度上可以说,太空安全保障活动与太空活动同步出现。

太空安全保障活动的形式多种多样,涉及不同主体(机构部门、组织和人员)和活动领域(政治、军事、法律、外交、情报等)。按照手段类型的不同,可以从太空安全的硬手段保障和软手段保障两类进行讨论。

二、 太空安全保障的硬手段

国家太空安全保障的硬手段是保障太空安全所采取的强制性活动方式。政治、军事、科技、法律、外交、经济、情报等保障国家太空安全的重要活动都能够形成硬手段。硬手段的采用以国家所具备的相应领域的硬实力为基础。结合前文对太空国家安全保障机构的分类,可以将保障国家太空安全的硬手段相应地分为公开手段和秘密手段两类。

(一) 保障太空安全的公开手段与公开活动

公开手段与公开活动主要是通过社会公众知晓的手段和活动开展太空安全保障工作。太空领域的安全保障与其他传统领域安全保障活动既有共同之处,也有其自身特殊之处。

军事手段和活动是最直接最暴力的强制手段,也是最重要的首要保底手段。根据《中国大百科全书·军事卷》,战争是"人类社会集团之间为了一定的政治、经济目的而进行的武装斗争,是一种特殊的社会历史现象,是解决民族与民族、国家与国家、阶级与阶级、政治集团与政治集团之间矛盾的最高斗争形式"。太空是人类共同拥有的宝贵资源,和平与发展任何时候都应当是太空领域的主基调。在太空引发军事对抗甚至战争应当为全人类共同抵制和唾弃。尽管在太空领域发展军事能力受到全球爱好和平的主要航天国家和人士的共同抵制,但西方利益集团仍在极力发展军事太空能力。从 2018 年起,美国和北约多国都正式将太空视为新的战争域,建立了独立太空部队,明确将地月空间作为太空军履行战争使命任务的主战场,在太空发展域展开了涵盖威慑层、跟踪层、作战管理层、监管层、传输层、导航层、支持层的未来太空军事架构建设活动,进军太空的势头愈来愈强。俄罗斯也常态保持航天兵部队和空天防御部队,持续加强太空军事攻防能力建设。对于其他航天国家而言,维护本国太空发展利益,保障自身太空安全,就必须强大军事实力,保有有效的军事手段,积极开展安全保障活动。

科技手段和活动是保障太空安全的关键支撑,在太空安全保障手段建设中具有不可替代的战略地位。在太空和太空安全领域,科技的综合集成特征尤为突出,加强科技手段建设是太空安全保障手段建设的重中之重。互联网科技手段是太空网络安全的关键维护手段。美国等航天国家已经开始全面加强太空系统网络安全防护能力建设。以太空网络安全科技手段为例,太空系统的网络安全是太空安全的突出特征。由人为的网络攻击造成太空系统网络故障甚至瘫痪,将严重威胁国家安全利益。不管是天基段的航天器系统,还是地面段的测运控系统,还有对地面应用的服务应用网络,都是依托互联互通的通信信息网络。2017 年 1 月、2019 年 7 月、2020 年 12 月,欧洲伽利略卫星导航系统多次发生信号中断、性能下降等系统故障,导致相关国家金融、工业、运输、生活等社会多维度停摆,造成巨大的经济损失,严重危及国家稳定运行秩序,而这些故障同样可由人为攻击产生,严重威胁太空安全利益。

政治手段和活动是公开硬手段的重要内容之一,包括国内和国际两方面。对于国内的政治手段而言,专职机构保护、保障太空资产安全,保证太空产业良性发展,确保国家太空事业稳步推进等,都需要行政的手段进行监管。对于国际的政治手段而言,专职机构要开展国际太空活动的法规规则博弈,推行太空和平利用的理念,保障国家自身太空发展的权益,营造发展太空事业的有利国际环境,等等。因此,对国内的行政监管、改革等活动,对外的外交、公关、舆宣等活动,都要依靠强大的政治实力。此外,经济、外交、开源情报等手段和活动也是公开硬手段和活动的组成部分。

(二)保障太空安全的秘密手段与秘密活动

保障太空安全的秘密手段与秘密活动主要是指以情报手段和活动为主的国家太空安全保障手段与活动。通常不为公众所知晓。除了传统的间谍情报活动外,随着先进科学技术的快速发展,技术情报手段与活动成为主体。现代密码、通信、录像录音、计算机、网络、信号处理、大数据、云和边缘计算、机器学习等技术的发展,促进了情报活动能力的提升,被各国广泛运用到间谍情报活动中,成为从隐蔽战线保障国家太空安全的重要手段。

以网络、通信和电子技术建立的情报手段在太空安全保障的秘密活动中发挥着极为关键的作用。网络方面,基于网络技术的情报手段承担着太空网络安全的保障功能。随着互联网、信息化和大数据技术的日益发达,万物互联使得准智能生活、准智慧城市成为社会生活的基本形态。物联网技术让包括军事信息在内的海量信息进入网络,导航、通信、遥感等太空信息服务也成为物联网的组成部分,与互联网融为一体。一名网络黑客可以通过无线注入技术向卫星服务链路植入木马病毒,控制卫星服务终端甚至是卫星载荷终端,进而影响卫星工作状态。通信和电子技术方面,信号辐射已成为情报对抗的重点内容,电磁频谱也已经是太空安全防护的重点之一。比如,美军的电子侦察卫星就是持续侦收重点区域的陆、海、空、天电磁目标所辐射的电磁信号的装备,通过对目标信号的长期采集和特征提取,运用电磁大数据和强化学习的技术,可以快速匹配识别出所需对象,不论是平时还是战时,都可以瞬间从众多对象信号中识别具体目标,为战场侦察监视和火力锁定提供准确引导。因此,美军提出了"低零功率电磁频谱行动"的概念,改变以往以主动辐射电磁信号探测战场目标的方式,转而利用目标反射民用、商用或不明身份电磁设备所辐射的信号,对目标进行侦测和锁瞄。这对以主动辐射电磁信号为基本方式的卫星测控网络、通信传输、信息服务网络等都构成了巨大的威胁,智能电磁管控、电磁频谱机动等技术就成为太空信息安全保障的重要技术手段和技术活动。因此,通信和电子技术为太空安全保障提供极为重要的秘密手段。

三、 太空安全保障的软手段

国家太空安全保障的软手段运用以国家所具备的各领域软实力为基础。美国著名战略学家约瑟夫·奈在著作《软实力》中指出,国家软实力主要来自文化、政治价值观和外交政策等,且制度体系能够增强软实力。因此,太空安全保障的软实力和软手段的范畴包括与太空领域相关的经济、科技、教育、文化、外交外事、公共关系、宣传教育等多个领域,甚至包括对社会制度及包括国家安全体制在内的各方面体制的调整、改革与创新等。

　　文化是软实力中最具渗透力的因素,对太空安全保障同样有重要作用。美国战略家约瑟夫·奈指出,国家文化和意识形态具有吸引力,将能够让其他国家有意愿效仿,如果能够在此基础上缔造与利益和价值观一致的国际规则和相应共同框架,那么就会让维护相关利益框架的活动和行为具有天然的合法性,从而形成软手段。美国的太空安全文化源自盎格鲁·萨克逊族裔端着毛瑟枪征服美洲大陆的历史,是殖民与征服;中国的太空安全文化源自地球村、月球村理念,是太空领域人类命运共同体。对于世界而言,太空安全的文化应该是星辰大海、生命起源;就国家而言,太空安全的文化各有不同。具有更广泛认同力的太空文化将在世界上具有更强的影响力,更能够为保障太空安全提供软实力支撑。文化的另一个方面是专业教育和科技创新。专业教育的直接目标是航天人才和太空安全人才培养,而人才培养的结果是实现科技创新。太空领域是高科技新兴领域,是需要大量高端人才投身的事业。太空安全领域同样如此,需要大力发展太空安全交叉领域学科专业,培养大批学科领域专业人才,需要通过这些人才去开创太空安全领域的科技和政策创新,为国家保障太空安全和太空利益提供手段支撑。

　　政治价值观是软实力中的纲领性因素,在太空领域的全球主流政治价值观是和平与发展。与美国推行外空行星和资源私有化不同,我国提出的太空安全政治价值观是人类命运共同体理念,我们认为,太空是全世界人民的共同财富和活动公域,需要全球人民共同维护和绿色开发,人民是太空的共同拥有者和共同开发者,而不应当为单个国家或个体所独自拥有,以至于为争夺永久私有权而让武力充斥其中,让它变成人类的悲剧公地。人类命运共同体价值理念在全球各国被接纳并传播后,将有利于团结和引领全球持有共同理念的各国人民,坚决抵制和阻止破坏太空和平利用、鼓动太空军备竞赛的错误行径。这是政治价值观所形成的软手段的具体体现。

　　外交手段是构建国际秩序的重要软手段,也是太空国际秩序治理的主要依托。面向保障太空安全的外交手段,主要体现在联合国外空委的政府间外空规则谈判和由学术界组织的非政府"二轨"谈判。目前,太空国际规则谈判和治理秩序主导权聚焦于太空碎片与在轨操控、太空交通管理、太空采矿与天体防御等重点,国际规则谈判正在由禁止部署武器的"物控"向约束太空操作的单方"行为控"、太空行使自卫权与限制武装冲突的集体"行为控"发展演化。美国在新时期的太空外交手段上,采取了民商军协同的综合手段,如推进全球100多个国家和商业合作伙伴签署太空态势感知共享协议,与10余个国家签署月球开发的"阿尔忒弥斯"计划,和北约国家签署"星链"星座数据服务应用等,通过构建产业和科学探索的联盟关系来助力太空交通管理规则、太空军事合作等外交手段,达到保障其自身太空安全利益的目的。

经济实力是国家安全软实力的最明显影响因素。经济虽然在整个社会中是硬性存在的,但对保障国家安全来说却是软性手段。经济是社会的基础,也是太空安全的基础,发展经济对于太空安全来说起着战略性基础作用。对于后发展国家而言,发展经济是硬道理。具有更好经济基础的国家在保障太空领域安全问题时,能够通过经济软手段撬动科技、产业、教育、军事等多维度国家合作和安全大局。当前,商业航天成为全球产业经济发展的热点和龙头。低成本、高效能、尖端技术能够更好地抢夺全球航天市场份额,带动更多后发展航天国家的社会升级发展,也同时能够构建更广泛的人类命运共同体框架,从而为保障国家太空安全凝聚更多共识,构建更好的太空生态。

第八章　太空军事安全

太空是继陆、海、空之后人类活动第四物理空间,蕴含巨大政治、经济、军事、科技和社会价值,已成为维护国家安全的新型战略空间和影响战争胜负的新兴作战域,夺取制天权是夺取制空权、制海权、制信息权的先决条件。世界主要军事强国纷纷出台太空军事战略,加速提升太空军事能力,积极谋求太空军事优势,频繁开展太空军事活动,太空军事化、武器化、战场化趋势不可逆转。贯彻落实总体国家安全观,以人民安全为宗旨,以政治安全为根本,以经济安全为基础,以军事、文化、社会安全为保障,以促进国际安全为依托,对维护太空军事安全提出更高要求。

第一节　太空军事安全的内涵

为维护国家太空安全,以太空军事力量为主进行的太空活动,统称为太空军事活动,主要包括太空态势感知、太空信息支持、太空军事威慑、太空攻防对抗、太空事故灾害防范与救援、太空任务支持与管控等活动方式。太空军事安全,包括太空军事资产、活动等的安全状态及其能力。这里主要从太空军事活动安全的角度进行阐述,如太空态势感知、信息支持、军事威慑及攻防对抗等活动的安全。

当前,美、俄、欧、日、印、澳等着眼未来战争,以陆、海、空、天、网一体化建设为建军方向,以夺取制天权优势为目标,完善太空威慑战略,研发部署太空态势感知、太空控制、攻防对抗等太空军事安全系统,强化太空力量攻防作战职能,推动太空力量从支援保障向攻防对抗发展,新一轮太空军事化增加了国家间发生太空对抗冲突的风险,太空军事活动面临的安全挑战日益严峻。

第一,太空攻防对抗作为太空军事活动的核心任务,对维护太空军事安全具有不可替代的作用。太空攻防对抗,包括综合运用地基动能、定向能和太空信息对抗、常规打击等手段,破袭敌在轨航天器、临近空间飞行器和相关地面设施,以地制天;运用天基动能、定向能、太空信息对抗及在轨操控等手段,干扰、致盲、捕获或摧毁敌在轨航天器、临近空间飞行器,以天制天;运用可机动再入航天器和临近空间飞行器,对敌重要地面目标实施打击,以天制地;运用伪装隐蔽、机动规避、抗扰护链、组网重构等方式,组织太空系统综合防护等。

第二,太空态势感知、太空信息支持是太空军事活动的重要组成。太空态势感知,主要是指综合运用军民太空目标监视、太空环境监测等系统,采取协同监视、数据融合、综合印证等方式对在轨航天器、弹道导弹、空间碎片、临近空间飞行器等目标进行跟踪识别和编目管理,为遂行太空安全活动提供及时准确的态势和预警信息。太空信息支持,主要是指综合运用军民商遥感探测、导航定位、通信中继、气象水文航天器及临近空间飞行器等,采取多需求统筹协调、多任务分级响应、多手段综合保障等方式,为各类军事行动提供高效可靠的天基信息支持。目前,在太空态势感知、太空信息支持等军事活动方面,太空资产包括天基段、链路段、地面段在内均面临被干扰、破坏甚至摧毁的威胁。美国提出有限太空战构想,日本突破非军事利用太空法律约束,印度将太空和反导作为军事建设重点。一些非国家行为体尤其是宗教极端势力、民族分裂势力、国际恐怖势力等也企图发展太空攻击手段。

第三,太空军事威慑逐渐成为太空军事活动的新任务。运用反导反卫、在轨维修维护、空间碎片清除与规避等太空技术试验活动,显示太空攻防技术能力;提出太空作战理论,实施太空攻防演练,显示太空攻防实战能力;采取航天器变轨,进攻力量在轨驻留,太空力量调整部署等行动,彰显太空军事决心意志,慑止敌军事冒险等,均是太空军事威慑的重点内容,太空军事威慑活动的安全直接影响太空军事的安全与能力的有效运用。

第四,面对日益严峻的太空军事安全威胁,需综合运用外交谈判、经济贸易、技术合作、舆论宣传、法理斗争、军事交流等方式,扩大太空国际事务影响力,推动太空双边和多边国际交往,牵制主要战略对手,努力争取太空安全治理、资源开发与利用、军备控制等国际规则制定主导权,为维护太空军事安全创造有利条件。这是太空领域国际博弈的核心内容,与太空军事安全紧密相关。

此外,由军方主导的太空任务支持与管控等活动也属于太空军事安全的范畴,比如运用航天发射、返回着陆、测量控制等力量手段,采取固定与机动发射、在轨维修、长期管理和返回控制等方式,对太空系统进行部署调整、管理、维护和回收,保持太空系统稳定可靠运行等。

第二节 太空军事安全威胁

谁能率先进入太空、充分利用太空、有效控制太空,谁就能在国际激烈竞争中占据制高点。主要大国和中等强国都把太空作为国家安全重要支撑,置于军事优先发展方向,太空军事活动安全面临的威胁挑战日益突出。

一、 太空军事对抗不断升级

美将国家安全战略向应对"高端战争"调整,对主要战略对手实施"全领域遏制""全方位围堵",极力鼓吹"未来战争首先在太空打响"。以成立太空司令部、划设太空联合作战责任区、组建太空军为标志,美将太空作为陆海空并列的作战域,积极创新太空作战理论和作战样式,密集制定太空作战构想方案,频繁组织太空军事演习,不断加大军事挑衅和威慑施压力度,推动由单域威慑向跨域威慑、以体系优势应对非对称打击转变,为全面夺取太空制权进行战略储备。未来一个时期,在非战争手段和常规战争无法阻止战略竞争对手崛起的情况下,美极有可能趁对手预期太空能力尚未形成之机对其实施"半渡阻击",严重削弱甚至剥夺对方进出、利用、控制太空的能力。

二、 太空技术竞争愈演愈烈

各军事大国均将夺取制天权作为赢得战略主动、抢夺战场先机的关键所在,竞相发展太空军事技术和武器装备,全面提升制天作战能力。美加快实施"第三次抵消战略",企图以科技优势谋求军事优势,前瞻布局下一代国防太空体系架构,大力发展全球快速打击系统,开展"凤凰计划""轨道快车""X-37B太空武器""X-51A临近空间武器"等试验,加快推进"星链"等天基互联网系统建设,部署多样化太空威慑和实战手段,能力生成周期从 10～15 年缩短至 3～5 年；俄、欧、印、日等国家和地区也在加紧发展太空军事技术手段，太空攻防武器已进入快速发展、实战部署窗口期。先进技术装备一旦成熟并应用于太空战场，必将突破传统时空限制，全面引领和支持信息网络、人工智能、精确打击、无人作战、核威慑等领域广泛而深刻的变革，对处于低端技术水平的对手形成超越打击的压倒性优势。

三、 太空规则博弈日益激烈

国际太空领域呈多极化发展格局，世界各军事大国在太空资源分配、规则制定等方面竞争激烈，国际太空秩序进入重塑酝酿期。美奉行"美国优先"理念，强力主导"太空交通管理"规则体系，着力提升太空联盟优势和规则优势，蓄意打造太空新"北约"，谋求绝对太空霸权；常态开展太空抵近侦察等太空挑衅行动，不断试探他国应对处置"底线""红线"，以实际太空行动助力战略博弈。一旦美全面掌控太空规则主导权，国际社会太空发展将遭受严重战略挤压，太空行动必然受到规则限制。

四、 太空空间环境持续恶化

随着太空技术扩散、军事需求牵引和经济利益驱动，太空任务主体日趋多元，军、民、商用太空活动多样化拓展，空间轨道、频率等资源日渐稀缺，各国围绕太空资源的争夺日趋白热化。美批量化快速部署巨型低轨星座，依托数量优势先机抢占有利轨道和频率资源，将引发全球空间资源"圈地"运动。同时，在轨航天器、残骸、碎片等太空目标数量急剧增加，太空危险接近事件频发、碰撞概率陡增。日益恶化的太空环境，给人类太空安全带来严重隐患，进而导致未来太空战场不确定性增大，引发意外太空冲突的风险随之增大。

综合分析，太空已成为大国博弈的新焦点、国家安全的新边疆、军事斗争的新战场，世界各国围绕太空发展权、主导权、控制权的争夺日趋激烈。未来一个时期，太空领域军事能力不平衡的总体态势难以改变，发生太空对抗的可能严重存在，太空体系遭敌战略突袭，进而关联影响联合作战体系、战争潜力体系和经济社会运行的风险不容低估，国家安全面临来自太空的现实和潜在威胁，提升太空军事安全能力、维护总体国家安全刻不容缓、时不我待。

第三节 太空军事安全策略

"地球是人类的摇篮,但人类不会永远被束缚在摇篮里。"被誉为"航天之父"的齐奥尔科夫斯基的这句名言,一直激励着人类仰望和探索太空。纵观人类历史,军事技术与战略战术发展始终伴随新型战略空间拓展与制高点争夺。

一、 基本考量

随着世界各军事大国战略竞争愈演愈烈,主要军事大国均将太空技术作为优先发展目标,加快经略和进军太空,加速提升太空军事能力。这直接导致太空军事化不断加速,并呈现出新动向、新特点。主要军事大国太空力量的职能定位正从以信息支援为主向太空攻防转变,围绕地月空间的博弈也开始进入人们的视野。未来,主要军事大国围绕太空主导权的争夺将更加激烈,国家间发生太空对抗冲突的风险不容忽视。特别是美国"主宰太空"的霸权理念与政策目标,对人类和平利用太空构成严重威胁。中国作为维护世界和平的坚定力量,坚持奉行防御性国防政策,一贯主张和平利用太空,反对太空武器化和太空军备竞赛。

历史上,围绕传统自然空间的争夺充满了硝烟。太空属于全人类,确保和平利用太空,不仅符合各国共同利益,也是各国共同责任。要避免历史上传统自然空间争夺的重演,国际社会应秉持合作共赢理念,坚持共商共建共享,共同在太空领域推动构建人类命运共同体。只有各国共同履行维护太空安全历史责任,开展太空安全国际合作,提高太空危机管控和综合治理效能,前瞻化解太空安全隐患,才能真正实现自由进出太空,高效利用太空,有效治理太空,才能让太空更好地增进人类福祉,而不是给人类带来更多战争和灾难。这不仅考验人类的智慧,而且关系到人类的未来。

习近平总书记指出:"探索浩瀚宇宙,发展航天事业,建设航天强国,是我们不懈追求的航天梦。"中国作为维护世界和平的坚定力量,始终把发展航天事业作为国家整体发展战略的重要组成部分,始终坚持为和平目的探索和利用太空。2016 年以来,中国航天进入创新发展"快车道",太空基础设施建设稳步推进,北斗全球卫星导航系统建成开通,高分辨率对地观测系统基本建成,卫星通信广播服务能力稳步增强,探月工程"三步走"圆满收官,中国空间站建设已完成,"天问一号"实现从地月系到行星际探测的跨越,取得了举世瞩目的辉煌成就。

当今世界,越来越多的国家高度重视并大力发展航天事业。和平探索、开发和利用太空是世界各国都享有的平等权利。中国倡导世界各国一起推动构建人类命运共同体,坚持在平等互利、和平利用、包容发展的基础上,深入开展航天国际交流合作。当前,中国正开启全面建设航天强国的新征程,将立足新发展阶段,贯彻新发展理念,构建新发展格局,按照高质量发展要求,推动空间科学、空间技术、空间应用全面发展,全面提升进出、探索、利用和治理太空能力。维护总体国家安全,引领科技自立自强,推动经济社会高质量发展。为服务国家发展大局,在太空领域推动构建人类命运共同体,促进太空活动长期可持续发展与人类文明进步。

二、 策略要点

在这一大的背景下,中国有责任维护太空军事安全,为人类和平利用太空作出更大贡献。为此,需要深入贯彻习近平军事战略思想,深入贯彻新时代军事战略方针,从政治上、全局上整体运筹太空军事斗争准备,积极塑造有利太空态势,稳妥应对太空突发情况,一体筹划组织太空领域政治军事仗,以积极地慑、重点地攻、适时地反,有效慑止对手,遏制危机,控制局势。统筹太空进攻和防御手段建设,健全作战体系和支援保障体系,加强天基信息资源统筹管理、深度开发和高效利用;全方位提升太空综合实力,积极发挥太空领域在大国博弈中的战略制衡作用、在国家战略利益拓展中的服务保障作用、在打赢具有智能化特征的信息化局部战争中的体系支撑作用。

一是坚持国家意志深远经略。以总体国家安全观为指导,着眼打好国家总体战、全局政治战,立足最复杂最困难局面运筹太空军事斗争准备,统筹应急应战与长远发展,统筹现实需求与备战重点,最大限度预防危机、积极化解和控制风险,牢牢掌握太空军事斗争主动权。紧盯国际战略格局演变和太空安全形势发展,坚持着眼未来谋全局、着眼大局谋一域,综合塑造于我国有利的政治攻势、法理优势、舆情态势,有力瓦解外部规制施压,积极拓展战略回旋空间,不断积累太空博弈斗争战略胜势。

二是坚持非对称制衡。瞄准主要战略对手和主要作战对手,创新太空作战理论和非对称战法样式,加快形成非对称太空制衡手段,坚持你打你的、我打我的,坚持慑战并举、软硬结合,积极塑势、适时显势、有效控势,实施有效对冲和战略抵消。

三是坚持体系运用联合制胜。适应未来高端战争特点规律,按照信息主导、体系联动要求,以太空网云体系为支撑和枢纽,高效融合天基与陆基、海基、空基太空作战力量,实现多域联动,有效慑止他国军事冒险和战略突袭。

四是坚持军民融合一体发展。按照体系融合、军民融合要求,坚持军事优先、军为首要,统合军地需求,整合优势资源,加强军地太空力量统筹设计和融合集成,综合运用军地力量一体开发、经略、塑造太空态势,坚决打赢新时代太空领域人民战争。

第四节　太空军事安全重点

适应战争形态演变,着眼国家安全和发展战略需求,优化完善太空战略布局和力量结构,构建全维感知、全域支撑、攻防结合、军民融合的太空军事力量体系,全面提高太空威慑和实战能力,有效维护国家太空安全和发展利益,牢牢把握太空发展权、主导权、控制权,为建设世界一流军队、建设航天强国提供战略支撑。

着眼太空安全形势发展,维护太空军事安全的重点任务包括:应对太空突发情况,维护国家太空资产安全;实施太空支援行动,为联合作战、非战争军事行动和经济社会发展提供跨域支撑;遂行太空联合作战,实施太空威慑、多域制天作战和天对地战略打击等行动,有效制衡战略对手;运筹国际太空规则秩序,争取太空博弈竞争主动权和话语权。

基于上述任务,太空军事斗争的手段是太空威慑与反威慑、力量体系摧毁与反摧毁、信息支援与反支援、太空活动规制与反规制、战略资源争控与反争控的斗争等,重点强化以下方面。

一、 太空军事威慑

按照稳控节奏、整体慑敌的行动要求，注重与政治外交法理斗争和其他战略力量紧密配合，适时宣布国家太空安全政策和原则立场，灵活采取舆论造势、军事演习、调整部署、航天试验等方式，选择性展示我重大技术突破，平时威慑重在彰显我太空能力发展，营造有利太空态势；危机和战时威慑重在传递我决心意图，阐明我战略底线，慑止敌方企图。同时，坚持寓战于备、以备强慑，适时调整威慑策略，一旦威慑失效迅即转入实战。

二、 太空态势感知

具备天地一体太空全域态势感知能力，导弹预警全球覆盖，太空目标监视和太空环境监测即时有效，为太空攻防、核导反击和联合作战提供全覆盖、高可靠、低时延的战场态势、预警情报和目标指示。按照实时监测、即时预警的行动要求，综合运用天地基导弹预警系统、太空目标监视系统和环境监测系统，常态监视太空目标态势动向，密切掌握太空目标变轨、太空碰撞、导弹发射等事件，为我太空应急响应行动提供准确太空态势，为实施导弹防御和核导反击作战提供预警和目标指示信息，及时预警发布可能威胁在轨航天器的极端太空环境等。

三、 对天攻击

陆基、海基、空基、天基多域制天能力均衡发展，动能、定向能、电子对抗、空间操控多种手段一体联动，形成对太空目标可信可靠摧毁、干扰压制等实战能力，有效降低甚至瘫痪敌重要太空体系。地对天软杀伤手段重在削弱敌特定时段或地域的信息支援能力，地对天硬杀伤手段重在对敌要害太空目标实施物理毁伤，天基对抗手段重在对敌高价值在轨目标或关键节点实施干扰拦截、抓捕操控，夺取控天制敌主动。

四、 天对地打击

天对地打击技术实现重大突破，天基攻防武器装备能够隐蔽快速在轨展开作战部署，从太空对大气层内重要目标实施精确打击，拓展形成战略反击新选项。按照隐蔽预置、重点突击的行动要求，平时隐蔽做好快速实战部署准备;危机和战争状态下,配合其他战略打击手段,操控先期入轨天基武器或应急发射天基武器,选择有利时机和突防通道实施机动再入,对敌战略纵深目标实施网络攻防、电磁压制或精确打击。

五、 天基信息支援

侦察监视、通信中继、导航时频、测绘地理、气象水文等手段进一步丰富,高效提供全球覆盖、随遇接入、按需服务、安全可信的泛在信息支持,显著增强联合作战效能。按照敏捷响应、精准联动的行动要求,统筹军、民、商太空力量开展联合任务规划,依托天基侦察监视、通信中继、导航时频、测绘地理、气象水文等智能网云体系,实施多需求统筹协调、多任务分级响应、多要素联合保障,对重点区域和重点目标进行常态侦察监视和数据支持,为各方向联合作战提供高效跨域信息支援。

六、 太空综合防护

天基系统具备太空态势智能感知、自主威胁告警和规避、弹性分散部署、故障处理和快速恢复重构能力,地面系统依托全军联合作战体系,自主防护与体系防御相结合,实施多中心一体联动运行和网络安全自主监测,具备较强的容灾抗毁、弹性重组和故障快速修复能力。按照防抗并举、体系制胜的行动要求,以防节点毁伤、防链路干扰、防系统接管为重点,采取网络积极防御、风险规避控制、备份系统切换、功率增强和频率调整等措施,实施太空信息网络防御,最大限度地确保太空网云体系高效稳定运行。必要时,采取卫星应急发射、星座组网重构、战时轨道调整等方式恢复和增强太空体系能力。

七、 太空力量运输投送

具备陆基、海基、空基运载高密度发射和快速机动发射能力,以及长期在轨部署、多次重复使用的天地往返能力,形成高效可靠的太空力量部署保障体系。按照快速反应、高效投送的行动要求,采取军民一体、以民掩军等方式实施力量投送,平时重在按计划组织航天器发射和返回回收行动,在太空预置力量装备,维持和提升天基能力;危机和战时,重在快速实施力量应急投送行动,及时补充和增强太空装备体系能力。

八、 太空系统运行管理

建成天地一体、快速响应、智能运用、军民融合的国家航天器管控体系,一体实施国家太空系统运行管控和太空交通管理,具备故障诊断维修、任务快速响应、资源统筹调度、巨型星座智能管控等能力。按照严密监视、精测稳控的行动要求,对天基系统进行状态监视管控、轨道姿态调整、碰撞规避控制,及时组织故障诊断和状态恢复,保证天基系统安全稳定运行。应急情况下,视情派出机动力量扩大重点天域测运控范围,提升天基系统应急服务效能。

第九章 太空活动安全

20世纪60年代以来,世界主要军事强国逐步把经略太空作为国家战略的重要组成部分,通过进出、探索、开发和利用太空等活动,获取广泛的政治、经济、军事等效益。太空活动,可理解成达成政治、经济、军事、科技、外交等战略目的,以太空力量为主进行的进出、探索、开发和利用太空等有关行为的总和,涉及人类利用航天器等飞行器经太空、在太空、用太空或从太空开展的相关活动,有时也称为航天。随着太空战略价值的不断发掘,太空活动将越来越频繁,与其他社会活动的融合也将更加紧密。同时,随着太空环境日益恶化、太空军事化武器化趋势愈演愈烈,国际上在太空活动安全管理等方面存在的问题日益凸显,维护太空活动安全已成为国际社会关注的焦点。

太空活动安全,主要是指人类在进出、探索、开发和利用太空的活动中,航天器、运载火箭、太空信息链路等不受到损害、干扰或破坏,参与活动人员不受到伤害甚至死亡,进出、探索、开发和利用太空的权益不受到侵犯,太空活动环境向有序治理方向发展。相对于太空军事安全,太空活动安全问题则是指在太空活动过程中发生的对国家政治、经济、军事、科技、外交、人民生命财产等造成重要影响的安全风险、安全威胁、事故案件乃至军事行动。

太空活动安全涉及航天器、运载火箭、太空环境、太空设施、地面设施及相关人员、活动管理等诸多方面,涉及内容多、范围广,太空活动安全问题的发生具有突发性和不确定性,要求应急响应和处置必须具有很强的专业性、时效性、协同性、联合性。本章重点围绕太空进出活动、太空探索活动、太空开发利用活动等方面,对太空活动安全相关问题进行阐述和分析。

第一节　太空进出活动安全

太空进出活动,是指将航天器发射到预定轨道并正常运行及从运行轨道重新进入地球大气层的相关活动。太空进出活动是太空探索活动和太空开发利用活动的基础,涉及对象包括航天器发射及再入返回阶段的航天器、运载火箭、发射场设备设施、火箭残骸等。因此,太空进出活动安全既包括发射准备中的航天器发射准备安全、运载火箭点火准备安全和发射场运行准备安全,也涵盖发射实施中的运载火箭点火起飞安全、航天器低空飞行安全和上升入轨安全及航天器再入安全和回收安全等。

1996 年 6 月 4 日,由欧洲 12 国联合研制的"阿丽亚娜 5 型"运载火箭首次飞行时凌空爆炸,与火箭一起坠落的还有 4 颗太阳风观察卫星;2014 年 10 月 29 日,搭载"天鹅座"无人货运飞船的美国轨道科学公司"安塔瑞斯"号运载火箭点火升空 6 秒后爆炸,坠落到发射台后再次引起剧烈爆炸;俄罗斯"质子 M"火箭先后遭遇 7 次发射失败。这些事故均印证了进出太空是一项高风险的活动,太空进出活动安全历来都是各国关注的重点。

一、 发射准备安全

发射准备安全,是指航天器和运载火箭进入发射场后直至运载火箭点火起飞之前,顺利做好各项发射准备且不发生导致人员伤亡、健康恶化、设备财产损失或环境污染等意外事故。然而,发射准备中事故的发生具有突发性、灾难性和不可预见性,必须采取严格有效的安全措施,进行全过程安全检查与控制,才能确保发射准备安全。

(一)航天器发射准备安全

航天发射活动中,航天器、运载火箭等型号产品在设计、生产、安装、试验、测试、维修、保养和使用过程中出现任何故障或失败,都将带来极大的损失,需要不断加强航天型号产品研制生产过程中的安全风险识别与管控。

在航天器与运载火箭等设计研制过程中,设计工作不但直接决定产品的质量和研制任务的成败,而且在很大程度上决定作业人员的工作效率、疲劳程度和安全健康。为此,应重点在航天型号产品设计人员、工艺设计、工装设计等方面加强控制。一是设计人员正确理解"安全第一、预防为主、综合治理"的方针,掌握与本专业有关的设备、仪器、仪表的性能和安全要求,并在工作中贯彻落实,提出预防事故、事故纠错等措施;二是工艺技术人员全面辨识、分析和评价作业现场各种安全生产风险,确定最佳合理工艺路线和工艺布局,尽可能地选用本质安全的设备;三是工装设备设计严格遵循人机工程原理,进行人—机—环系统分析及其接口优化设计,工装设备安全防护装置应可靠和实用;四是在进行航天型号产品设计时需系统考虑选用危险物品的安全性,根据系统安全性要求及分配的安全性指标,尽可能消除或减少产品的安全风险。

随着航天工业的不断发展,新技术、新材料、新工艺等应运而生,同时太空活动中新的安全风险也在不断产生。为有效防控新的安全风险,需要对新技术、新材料、新工艺、新状态、新环境、新单位、新岗位、新人员、新设备等开展安全风险分析,识别安全生产风险和关键环节,制定具有针对性的安全管控措施,严格实施太空活动全过程安全监控。同时,要求对新上的项目、危险作业等严格实施安全评审与审批,从源头确认太空活动安全措施的可靠性。

对航天器与运载火箭等建设项目实行严格规范的安全"三同时"审查制度(同时设计、同时施工、同时投入生产和使用),要求与建设项目配套的劳动安全卫生设施,从项目技术论证、可行性研究、设计、施工、试生产、竣工验收到投产使用应同步进行。通过对建设项目全过程的安全监管,花费最小的代价,将一些危险有害因素消除在萌芽阶段,从源头上提高太空活动中设备设施系统本质安全度,减少和降低航天型号产品安全生产风险。

(二) 运载火箭点火准备安全

运载火箭点火一旦出现重大安全问题,将直接危及航天器、运载火箭、发射场人员与设备设施的安全。确保运载火箭点火准备安全是保证航天发射任务成功的关键和前提,但存在一些客观原因,如航天器自身携带有剧毒且易燃易爆的推进剂和相当数量的火工品,航天器在组装、测试、加注、发射等很多环节都涉及危险性操作,发射场设备设施自身包含各种复杂的气液管线、电缆线路等,均可能导致运载火箭点火准备发生重大安全事故。

例如,1960 年 10 月 24 日,正在测试中的苏联 R－16 型洲际导弹在发射台上爆炸,包括苏联战略火箭军第一司令米特罗凡·涅杰林元帅在内的数十人遇难。1963 年 1 月,美国"雷神-德尔塔"运载火箭的第三级发动机在进行测试时,由于工作人员所戴的皮手套偶然摩擦发动机喷管的塑料隔板,使发动机点火电爆管引线感应静电而引起发动机突然点火。1985 年 1 月 11 日,美国"潘兴-2"导弹在原联邦德国进行装配过程中,由于火箭使用的固体推进剂在低温条件下火箭表面产生大量静电,将火箭从钢制包装箱内吊起时与包装箱的弧形架相碰撞,外部产生电弧,壳体上部分电荷被释放,导致推进剂内部电场重新分布,致使药柱黏接面附近产生火花,引燃尾部药柱,造成发动机起火。2003 年 8 月 23 日,巴西阿尔坎特拉航天发射中心在进行"VLS-1 V03"运载火箭检测时,火箭第二级因为静电而错误点火,火箭随即爆炸,21 名巴西航空航天技术中心人员遇难。可见,运载火箭点火是一件十分复杂和细致的工作,必须作好充分准备。

运载火箭点火准备包括技术测试和发射测试两个阶段。首先,在测试区进行技术测试,即对经过水、陆、空运或贮存的火箭组件,察看外表有没有机械损伤和松动等情况;然后,把一些没有装配上去的仪器设备安装上去;接着,一部分一部分地进行全面、仔细、严格的检查测试,检验各种仪器设备的性能,如有问题,找出原因,及时排除或调换;最后,把整枚火箭装配起来,在水平状态进行性能检查和试验。技术测试完全通过后,将火箭(全箭或分段)从停放的支架车上转换到公路运输车上,运往发射区。火箭运送到发射区后,还要进行发射测试,比如火箭配气台置换、蓄压器气瓶充气、全系统气检、燃料抽真空测试、火工品电磁阀回路阻值测试、贮箱置换、加注前功能检查、搭载载荷测试、燃料调温等。测控通信系统按计划开展航区合练。待发射的航天器的发射准备,与运载火箭的点火准备同步开展。二者连接起来后,还将进行严格的检查测试。

此外,运载火箭在发射场能否顺利完成点火,推进剂加注的好坏也是关键之一。目前,发射场所用的运载火箭的推进剂品种很多,已由常规推进剂发展到低温推进剂,其中液氢、液氧、煤油等已被广泛采用。这些推进剂有的是易燃、易爆、有毒物质。因此,世界各国对推进剂的毒性、有害气体、可燃气体及火灾时的侦检、报警、消防等问题均十分重视。推进剂加注产生事故的主要原因,首先是严重违反安全操作规程,其次是由于推进剂贮箱及其管理部件失效、破裂、跑漏或电气系统触点接触不良、短路、静电、撞击等产生火花引起火灾。

(三)发射场运行准备安全

航天发射是人类进出太空活动最为重要的环节,具有产品组成复杂、参试设备设施种类数量繁多、涉及危险化学品众多、参试单位和人员协调面广等特点,投入大、风险高。发射场运行准备的安全性是保证航天发射活动安全实施的前提条件和重要基础,任何安全隐患、人员误操作及系统故障等均可能导致发射失败、箭船损坏或人员伤亡等重大事故。另外,太空进出活动的试验性、探索性、危险性和社会性,也决定了发射场运行准备安全的现实重要性。因此,必须进行科学、严谨、有效的技术安全检查与控制,以提高发射准备过程的安全性和重大事故应急处置能力,保证发射准备工作的安全、可靠。

在产品卸车、转运阶段,如航天器卸车、逃逸塔卸车、火箭卸车、飞船转运、逃逸塔转运等阶段,技术安全检查与控制要素主要包括相应厂房的吊车、配电与接地及消防设施等。

在单元仪器及系统首次加电测试前,技术安全检查与控制要素主要包括工艺测试房间配电线路、照度以及电源品质;工艺测试房间工艺接地、保护接地导通情况及防静电设施;测试厂房防雷接地网电阻值;工艺测试房间消防设施;工艺测试房间温度、湿度、洁净度等。

在产品总装对接阶段,技术安全检查与控制要素主要包括吊车、工作平台、配电与接地、消防设施等。

在加注推进剂前,技术安全检查与控制要素主要包括加注场所电气防爆、防雷、防静电、接地、消防、空调及强排风等设施。

在船箭组合体垂直转运前,技术安全检查与控制要素主要包括船箭组合体技术状态、工作平台及活动发射台、发射区塔架及其他设施技术准备情况、发射区配电与接地等。

在临射前,技术安全检查与控制要素主要包括船箭组合体技术状态、摆杆、平台、配电、照明与接地、空调、固定消防等。

发射场运行准备发生重大安全问题时,需采取基本应急措施。例如,推迟发射,通过安全检测及时发现航天器和运载火箭的故障或安全隐患,并及时清除;组织逃生,开启各种逃生装备和通道,优先保障航天器内人员安全逃生,并迅速疏散发射场人员;启动全面救援,派遣专业救援队伍和相关救援力量迅速展开救援,并对地面人员的安全做出相应的安排。

根据爆炸在不同距离对人体产生的危害,可将发射场划分为破坏区(死亡)、危险区(重伤)、有危险区(中等或轻度伤害)、有风险区(噪声超标)和安全限制区(基本无伤害)五个区域。发射开始前,处于破坏区、危险区和有危险区的工作人员必须撤离或进入防护掩体。苏联 R-16 导弹爆炸之所以造成巨大伤亡,就是因为大部分遇难者没有按照要求进入掩体。同时,严格限制进入危险区的人员数量。公众在观摩火箭发射时,除了要处在安全限制区或更远的区域外,其所活动的区域一般处在火箭飞行的反方向。

如果同一发射场设置了多个发射工位(发射塔架),一个工位上的火箭发生爆炸后,可能对另一发射工位造成破坏,引发该工位上的火箭殉爆,产生更大危害。因此,如果同一发射场的两个工位要同时发射火箭,其距离也应保持在 2 千米以上。

二、 发射实施安全

发射实施安全,是指发射准备完成后,安全地实施航天发射任务,将航天器送至预定轨道,且不发生航天器、运载火箭、发射场设备设施及人员等受到损害或破坏的安全事故。

用运载火箭发射航天器,火箭起飞以后出现任何故障,都不可能像汽车、火车、轮船那样停下来修理,也不可能像飞机那样有可能返回地面修理。虽然经过严格的检查测试,但在火箭起飞后,仍难免发生故障。大量实验结果表明,发射实施发生重大安全问题的主要原因包括:航天器发动机推力不足、强烈不稳定、提前熄火甚至失火和爆炸;制导系统故障导致航天器失控、偏离预定轨道;火箭分级间机构失灵,致使工作完毕的发动机不能分离等。如果无法消除这些故障,为了不使火箭和航天器坠地时造成重大生命财产损失,或不致造成技术机密泄漏,火箭和航天器必须通过自身安全自毁设备,自动地或由地面控制人员下达指令炸毁,并采取措施对航天人员进行营救。"挑战者"号航天飞机空中解体后,失控的固体火箭助推器在地面控制人员的指令下启动自毁装置,避免了灾难的扩大。

从应急响应的角度出发,发射实施安全主要包括:

(一) 运载火箭点火起飞安全

运载火箭点火起飞发生安全问题,不仅威胁航天器和运载火箭本身的安全,同时对发射场设备设施和人员也构成危险。如果在火箭点火后几秒钟内发生故障,主要采取的应急措施是航天器利用自控系统自动熄火与自降。如美国航天飞机第 19 次飞行时,点火 3 秒钟发生故障,利用自控系统使火箭自动停火,避免了重大安全事故的发生。

(二) 航天器低空飞行安全

航天器在 75 千米以下低空飞行时遇到险情,可用弹射跳伞或逃逸塔(救生塔)系统救生。"安塔瑞斯号"火箭发射失败后美国认为,应吸取历次航天事故教训,在新一代火箭中加装逃逸塔(救生塔)系统,确保发射起飞阶段出现事故时,机组人员能迅速逃生。

(三) 航天器上升入轨安全

当航天器开始上升入轨,逃逸塔(救生塔)系统已被抛弃。此时如果出现重大安全问题,只能使用航天器上的制动火箭,使航天器脱离运载火箭,然后按紧急返回的飞行程序返回地面。如 1975 年 4 月 5 日,苏联发射的"联盟 18 号"飞船出现故障时,地面指挥与控制中心及时发出飞船应急返回指令,使飞船与运载火箭解锁脱离,按接近于正常返回的程序再入大气层,降落在预定区域,避免了人员重大伤亡。

在航天器上升入轨的过程中,火箭残骸的分离坠落可能造成安全问题。运载火箭在发射后的飞行过程中,将会陆续把完成任务的部件丢弃。比如,在火箭第一级的燃料耗尽后,火箭的第一级和第二级分离,第一级火箭被抛向地面。这些部件坠落时,可能会在地面造成伤害。因此,发射前要对火箭飞行路径上可能坠落部件的区域进行估计。如果落区恰好处于人口稠密区域、重点保护区域或重要设施所在区域,就要调整飞行方案,以满足安全要求。如美国的卡纳维拉尔角航天基地,为了避开人口稠密区,在那里发射的火箭只能向东北或东南方向飞行(发射方位角为 $35°\sim 120°$),因而不能发射极轨卫星。

三、 再入回收安全

再入回收安全,是指航天器从运行轨道重新进入地球大气层或在预定区域坠落,且不发生航天器、地面设施及人员等受到损害或破坏的安全事故。

在航天器再入回收过程中,仍有可能出现安全问题。由于返回姿态控制系统失灵、航天器结构破损、降落伞系统失灵、大气恶劣环境影响等,航天器再入回收时出现重大安全问题屡见不鲜。如1967年4月13日,苏联"联盟1号"飞船返回时,主降落伞失灵,飞船坠毁,航天员牺牲;苏联"联盟11号"飞船返回时,由于气流和大气压力的原因,飞船座舱中的一个压力阀门被震开,几秒钟之内座舱内空气漏光,形成爆炸性减压,致使航天员因急性缺氧、意识丧失和体液沸腾而死亡。

(一)航天器再入安全

在航天器离开运行轨道进入大气层的再入过程中,若出现安全问题,应急响应可从以下两个方面考虑:

一是及时封控相关区域。航天器再入时出现重大安全问题,可能波及的范围很大。应根据影响范围,及时划定危险区和警戒区,标示边界,必要时实施封控,组织人员加强对事故区内重要目标和地段的警戒,加强巡逻。在确定航天器的残骸碎片不会对救援人员造成大的伤害后,才能全面展开救援,以防止对人员造成次生伤害。如"哥伦比亚号"航天飞机返回时爆炸解体,美国有关方面立即下令对得克萨斯州着陆地区进行封控,并告诫当地居民,如发现航天飞机残骸碎片,不要接触,以防止航天飞机所用的燃料对人体造成伤害,发现者应立即报告。

二是迅速展开搜救。参加应急响应的单位应迅速采取有效措施,组织搜寻、抢救、人员疏散和脱险,减少人员伤亡;抢救装备物资,降低财产损失;保护现场,防止重要证据遭到不必要的破坏和遗失。其中,第一时间对人员实施救援是重中之重。一方面,寻找受伤人员,根据各方面提供的情况,有针对性地在事发地点周边仔细搜寻,必要时寻求国际合作;另一方面,对症救治,按受伤程度就近就便予以救治,对一些现场难以救治的重伤员,要一边采取应急救护措施,一边组织转送治疗。

（二）航天器回收安全

在航天器离开运行轨道进入大气层并在预定区域坠落的回收过程中，确保航天器回收安全至关重要。比如，载人飞船返回舱再入地球稠密大气层后，下降到 20 千米左右的高度时达到稳定下降状态，如果不采取进一步减速措施，返回舱将以相当大的速度（100 米/秒左右）撞到地面而坠毁。返回舱一般选用钟形气动外形，这类返回舱在亚声速区域的姿态运动往往是不稳定的，表现为大幅度的摆动、旋转甚至翻滚，致使航天员头晕，引起黑视，甚至晕厥。为确保航天员安全、返回舱回收过程成功，回收系统在这个临界时刻开始工作，首先展开稳定减速伞使返回舱保持姿态稳定并获得初步减速，随后展开主降落伞使返回舱进一步减速后直接在海上溅落，或借助缓冲装置在陆上软着陆。

载人飞船回收系统主要由降落伞装置、着陆缓冲装置、控制装置和着陆装置组成，基本上与卫星回收系统相同。但对载人飞船回收系统来说还有几项特殊要求：一是具有更高的可靠性，为此须设置备份伞；二是着陆冲击过载低于人体耐受限度，为此须采取着陆缓冲措施或设有着陆缓冲装置；三是既有陆上软着陆又有海上溅落的能力，因此即使以海上溅落为主的飞船，也须设有陆上软着陆所需的缓冲装置；四是既适应从太空返回的正常着陆，又适应从零高度至高空逃逸救生后的应急着陆。因此控制装置不仅有正常着陆程序，而且备有几种应急着陆程序。此外，为提高回收过程的安全性，根据飞船总体的需求，回收系统还可配备标位装置、漂浮装置和扶正装置等特设装置。

第二节　太空探索活动安全

太空探索是人类进入宇宙空间、探索太空的一种综合性行为，极大地推动和拓展了人类对自然界的探索。同时，太空正以其所蕴藏的政治、经济、军事、科技等方面的巨大价值，吸引着世界各国不断加大太空探索技术开发和应用投入。太空探索活动，是指以航天器为主要平台，研究和探索发生在日地空间、太阳系乃至整个宇宙的物理、化学和生命等自然现象及其规律的科学实践活动。太空探索活动安全主要包括无人探索活动安全和载人探索活动安全。

一、 无人探索活动安全

利用无人探测器、太空望远镜、无人飞船等无人装备进行太空探索,存在出现安全问题的风险。在太空无人探索活动过程中,需考虑以下安全因素并加以应对,其实也代表无人和载人两类太空探索活动需共同面对的安全风险。

(一)探索活动环境安全

太空环境遭受破坏,人类探索太空的活动将受到限制并面临安全风险。人类在以往的太空活动中已经产生了许多太空碎片。如果再不加以限制,任其发展,太空将变成一个"垃圾场"。届时,人类将为清理这些"垃圾"和选择活动空间(即分配轨道狭缝)付出惨重的代价,可能导致人类探索太空的梦想成为泡影。如果在太空部署核武器,通过核爆炸对卫星实施攻击,将会产生更强大的电磁辐射,这将对太空环境造成极大的破坏,人类探索太空将无从谈起。

航天器与航天器、太空碎片、陨石等其他物体相撞,极易引发太空重大安全问题,影响甚至中断太空探索活动。如2009年2月11日,美国铱星公司正在运行的"依33"商业卫星与俄罗斯报废的"宇宙2251"军用卫星相撞,导致前者完全报废,并产生大量的太空碎片。这是人类历史上首次在轨卫星相撞事件。为避免与碎片相撞,国际空间站从1999年到现在进行了近十次大的变轨。2014年7月23日,为躲避一块俄"微风-M"加速器碎片,国际空间站不得不将轨道高度降低800米。目前,由于在轨卫星数量的不断增加,使得太空碎片碰撞风险急剧上升。美国宇航局、欧洲空间局的统计研究均显示,太空碎片撞击占太空环境引发各类卫星失效事件的比例在逐步增长。此外,如果航天器遭到陨石重击,其机体极有可能被撞穿,甚至发生"机毁人亡"的悲剧。因此,急需对太空碎片编目,为太空探索活动提供碰撞预报,判断航天器故障,保障航天器安全。

随着航天器数量、太空活动规模等"井喷式"发展,必然影响太空环境,人类太空探索活动更需要协调配合开展。比如,2020年年底,美国卫讯公司向联邦通信委员会(FCC)提出申请,要求对太空探索技术公司的"星链"计划进行太空环境影响评估。该公司认为,"星链"系统会对太空和地球环境构成危害,从而影响人类太空探索活动。该公司明确表示:"由于

'星链'系统涉及的卫星数量巨大,太空探索技术公司又绝无仅有地将其视为消耗品,其所提出的修改方案对太空环境造成的潜在危害巨大。"随后数月,卫讯公司一直在向 FCC 提交的文件中批评"星链"系统的可靠性,并担心其在轨道上发生故障可能增加低轨碎片数量。卫讯公司引用的统计数据表明,"星链"系统的故障率高达 7%。自从 2019 年第一批"星链"卫星发射以来,天文学家们纷纷表达对这一巨型星座可能会对天文观测和其他天文爱好者的活动产生影响的担忧。

(二)探索活动权益安全

当前,世界航天领域进入新一轮加速发展期,太空国际战略形势正在发生深刻变化,太空力量格局加速向多极化演变,有关国家和组织在太空资源分配、太空国际规则制定等方面存在较大分歧,太空国际秩序处于转折重构酝酿期。在这一态势下,如果不能较好地塑造于己有利的国际太空规则,太空探索活动权益、太空发展空间等将可能会受到挤压和规制,进而影响太空活动安全。

目前,美国已掀起"星球大战 2.0",加紧攫取太空资源,将驱使世界主要大国竞相赴太空"插旗圈地",人类对资源的争夺将向太空延展,对开采地球轨道空间、月球和其他天体资源的期望及矿区的争夺可能会使太空安全局势骤然升温,人类太空探索活动权益将受到严重威胁。从战略竞争出发,美国在加快自身发展的同时,一定会对中国和俄罗斯等对手的太空领域科学发展与技术试验等活动进行设卡阻挠、规制束缚、误导诱骗甚至暗中破坏。这些都是需要高度警惕和积极应对的太空探索活动安全问题。

2020 年 12 月 9 日,美国特朗普政府发布新版《国家太空政策》,取代奥巴马政府 2010 年的《国家太空政策》。美《国家太空政策》在部门准则板块涉及国家安全准则的内容大幅扩充,鼓吹美国太空行动的原则是负责任地在太空开展活动,强调制定相关行为规范。美国势将在新版《国家太空政策》的指引下,与中俄太空军控条约提议分庭抗礼,扩大太空安全治理领域的国际分歧,将太空安全的规制矛头指向中俄等国。

比如,在 2020 年 5 月,NASA 将"保护外空遗产"列为《阿尔忒弥斯协定》的原则之一。2020 年 7 月,NASA 发布关于月球行星保护的过渡指令。2020 年 12 月 30 日,美国国家航天委员会发布《行星保护国家战略》。

随后,12月31日,时任美国总统特朗普签署了《保护人类太空的一小步法》,宣告美国正在立法保护"阿波罗"登月时代美国政府在月球上留下的历史遗迹和人造物件,美国由此成为世界上首个颁布国内法以保护其太空遗产的国家。诸如此类,必将对人类太空探索活动安全产生重大影响。

二、 载人探索活动安全

利用载人飞船、太空站、航天飞机国际空间站、太空实验室等载人航天器进行太空探索,发生安全问题的风险更高。除了需要考虑探索活动环境安全、探索活动权益安全等相关影响外,在太空载人探索活动过程中,还需重点考虑以下安全要素并加以应对。

(一)航天员健康生存安全

随着飞行时间的增加,太空环境对人体会带来诸多不利影响。对于载人探索活动,需要保障航天员的健康生存安全。在短期载人轨道飞行、探月轨道飞行和登月等载人航天活动中,美国和苏联都广泛积累了航天员的飞行前、中、后发生生理变化的数据,重点是研究失重对航天员心血管系统、前庭系统和工作能力的影响。为了保障航天员的健康安全,设计师会为航天员配备可还原地面环境的配套设施和方案,通过这些措施克服来自失重、太空高剂量辐射、磁场改变、狭小空间飞行等因素带来的伤害;还会采取合理的作息制度,改善饮食并增加营养,携带专门药物,增强体育锻炼,改变体液分布等方法,提升航天员抵御来自浩瀚太空的伤害。

此外,还需关注外界环境对空间站的影响进而威胁航天员生命的安全问题,尽管已经接受了严格的训练,进入太空之后航天员仍会不可避免地遇到意料之外的危险。比如,与太空碎片、其他航天器碰撞,进而危及航天员生命安全,太空舱发生火灾、燃料和食物耗尽等。当危险真的来临时,临危不惧是航天员应对危机的必备素质。"阿波罗13号"飞船执行登月飞行任务时,服务舱发生爆炸,但由于航天员临危不乱、坚毅果敢的处理,最终转危为安。2021年12月初,中国常驻联合国(维也纳)代表团向联合国秘书长提交普通照会表示,美国太空探索技术公司发射的"星链"卫星,在2021年先后两次接近中国空间站,对中国空间站搭载的航天员生命健康构成危险。出于安全考虑,中国空间站组合体针对有关美国卫星,两次实施"紧急避碰"。这对于航天员健康生存安全而言是一个非常严重的事态。

（二）载人航天器返航安全

载人航天器返航时也可能发生意外。1971 年 6 月，苏联的"联盟 11 号"飞船搭载着 3 位航天员升空。3 位航天员在"礼炮一号"空间站停留了 23 天 18 小时 22 分。他们顺利完成了科学实验，获得很多珍贵资料和数据，还成功实施了 2 次在轨对接任务。但不幸的是，3 位航天员准备返回时，在返回舱与轨道舱分离过程中，返回舱的压力阀被震开，密封性被破坏，导致航天员所在的返回舱内空气快速泄漏，舱内迅速减压。事后，苏联对事故进行了调查，结论是"联盟号"飞船的设计存在缺陷。由于飞船座舱空间过于狭小，为了容纳 3 位航天员，他们必须脱掉航天服才能坐得下，这让航天员在升空和返回时暴露于风险之中。后来，"联盟号"升级，安全性增强，也要求航天员在升空和返回地球时必须穿着航天服。

第三节　太空开发利用活动安全

太空开发利用活动，是指为了某种战略目的，对太空及其资源进行开发和利用的相关活动。作为当今高新技术发展的重要领域，太空技术及其产业的发展在促进国家发展中发挥了重要作用，卫星通信、导航、气象、遥感等太空开发利用活动已成为社会进步不可或缺的重要内容，也成为国家经济发展的新引擎。未来 20 年，太空经济规模有可能达到数万亿美元，人类有望迎来太空经济时代。

尽管每个国家都有权根据自身的实际情况自由地开发和利用太空，但伴随着世界多个国家不断加大太空开发和利用力度，人类历史上新一轮的"圈地"运动正在太空掀起，人类的太空开发利用活动正面临愈加严峻的安全形势。太空开发利用活动安全主要包括太空信息资源开发利用活动安全、太空轨道资源开发利用活动安全、太空物质资源开发利用活动安全和太空环境资源开发利用活动安全。

一、 太空信息资源开发利用活动安全

太空信息资源开发利用活动，主要是指对频率资源、对地观测信息、高精度测量信息、空间探测信息、天文观测信息等太空信息资源进行开发和

利用的相关活动。

网电侵扰是太空信息资源开发利用活动中亟须关注的重要安全问题。美国网络安全公司 IOActive 长期对通信卫星漏洞进行安全评估后发现，许多卫星系统设备和软件缺乏基本的安全防范和定期更新措施，导致漏洞长期存在而不知；航运、航空和军事领域使用的卫星通信系统容易遭到网络攻击，全球范围内的使用者均无法完全规避风险。1998 年，一群黑客成功地闯入美国军方一个控制卫星的计算机系统，一个名为下载大师（MOD）的组织声称，他们访问了美国国防部信息系统办公室，盗走了关键操作软件，并扬言控制了从军方通信网络到卫星和接收器的所有环节。2007—2008 年间，至少有 2 颗美国环境监测卫星受到 4 次或更多次干扰，NASA 的陆地 7 号监测卫星受到多达 12 分钟的干扰，NASA 的另一颗地球监测卫星 Terra AM-1 曾在不同天内分别受到 2 分多钟和 9 分多钟的信号干扰。2009 年，巴西境内多地黑客劫持美国海军通信卫星，将其作为私人无线电工具。2014 年 9 月，美国国家海洋和大气管理局遭受黑客攻击，导致卫星数据系统被迫下线，造成天气预报机构 48 小时的数据缺失。2016 年初，当 15 颗卫星突然传送有 13 微秒误差的信号时，使用 Chronos GPS 服务的电信公司受到严重攻击，造成 12 小时、数以千计的系统错误。2018 年 6 月，赛门铁克表示，发现黑客组织正在针对美国和东南亚国家的卫星通信、电信、地理空间拍摄成像服务和军事卫星系统进行网络攻击。2019 年 3 月，美国非营利情报公司高级防务中心发表报告称，自 2016 年 2 月以来，在俄罗斯和克里米亚敏感地区发生了 9 883 起全球导航卫星系统欺骗与屏蔽事件，影响了 1 300 多艘船只。

二、 太空轨道资源开发利用活动安全

太空轨道资源开发利用活动，主要是指对高、中、低等不同高度和人造地球卫星运行轨道、月球探测器轨道、行星探测器轨道等不同类型的太空轨道资源进行开发和利用的相关活动。

太空轨道资源开发利用活动的主体是航天器，因此，太空轨道资源开发利用活动安全的关键是航天器的安全。随着各国太空力量的迅猛发展，用于太空轨道资源开发利用的航天器很可能成为竞争对手、反动势力等抵近、干扰和破坏的重要目标，从而影响和阻挠正常的太空开发利用活

动。除上述借助网络电子领域手段,对卫星等进行欺骗、干扰和瘫痪,进而削弱和阻止太空信息系统功能的发挥,造成信息传输误差、数据丢失、通信中断、服务中止等严重后果外,特别值得关注的是,随着太空军事化愈演愈烈,以卫星作为主要攻击目标的反卫星武器或反卫星技术正加速发展,破坏卫星正常运行,降低卫星使用功能甚至摧毁卫星,将成为敌对国家干扰破坏对手国家太空轨道资源开发利用活动的重要途径。

例如,2008 年美国摧毁自己的报废卫星,引起了广泛的国际关注。近年来,美国研制部署的 GSSAP 系列卫星(共 4 颗卫星)、老鹰卫星(ESPA 增强型地球静止轨道实验平台)、小鸟卫星(老鹰卫星释放的子卫星)、S5 卫星(微型空间态势感知卫星)、克莱奥卫星等高轨空间监视卫星,可在同步轨道上下折返漂移,进行较大幅度的轨道机动,对他国重点高轨卫星进行抵近侦察。

2020 年 3 月,美国太空部队已经开始运行一种可用于拒止敌方卫星传输的改进型陆基卫星通信干扰系统——反卫星通信系统 Block 10.2,可干扰敌方的卫星通信信号,并向作战人员提供快速响应作战支持。该系统于 2004 年首次推出,是一种可移动部署的太空电子战系统,可收到整个冲突范围的远征、可部署、可逆进攻性太空控制效果。该系统项目总监珀迪表示,这对部署的部队和战斗人员的作用不可低估,"反卫星通信系统代表了传统发展方式的终结,未来的升级和增强功能将适应不断发展的战场环境,同时比对手更快更好地向战士提供能力"。对此,即使是短暂的卫星通信干扰,也可能会严重影响被干扰方进出太空、开发利用太空等重大任务的顺利开展,甚至导致失败。俄罗斯普列汉诺夫经济大学政治与社会学教研室副教授亚历山大・佩连吉耶夫也表示,美国针对俄罗斯采购卫星干扰装置的做法,违背有关和平开发利用太空的国际条约。

三、 太空物质资源开发利用活动安全

太空物质资源开发利用活动,是指对太空矿产资源、太空能源资源、在太空制造生产出来的物质产品(如高纯度的光通信纤维、高质量的半导体单晶、特殊的合金等),以及从太空带回地球的土壤样本等所有物质形式的资源进行开发和利用的相关活动。20 世纪初,苏联依靠无人飞行器分三次带回月球样本 300 多克;美国"阿波罗计划"共带回约 381.7 千克月

球土壤样品。21世纪前10年,彗星、小行星无人采样返回任务为人类带回了星际尘埃、彗发物质、小行星表面颗粒等,拓展了人类进一步认识宇宙的途径。2020年,中国"嫦娥五号"取回了1731克月壤,弥足珍贵。在2021年中国航天大会上,中国探月工程总设计师吴伟仁披露,中国探月工程四期将构建月球科研站基本型。火星探测将是中国行星探测的第一步,是深空探测领域从月球到行星的发展历程中承前启后的关键环节,也是未来迈向更远深空的必由之路。日本隼鸟2号探测器经过约6年的太空飞行,于2020年12月5日与回收舱分离。回收舱次日降落在澳大利亚南部沙漠地带,日本宇宙航空研究开发机构在当地进行回收并将其运回日本。隼鸟2号两次短暂着陆在"龙宫"小行星表面,并首次在小行星上制造了人造撞击坑,执行了采集小行星地表和地下岩石样本任务,带回了两个样本。美国奥西里斯-REx探测器2020年10月20日在小行星"贝努"表面"一触即走"采集样本,2021年5月10日启程返回地球,其样本舱预计在两年后落到地球上。

太空环境资源开发也是太空开发利用活动的一个重要方面,可以理解为是对高真空环境、微重力环境、超低温环境、强辐射的空间粒子辐照环境和太阳能、太阳风(光压资源)、宇宙射线等太空环境资源进行开发和利用的相关活动。不属于以上三类的太空资源,均可归为太空环境资源。随着人类太空物质资源、环境资源开发利用活动的进一步发展,其安全问题应受到高度关注,应前瞻布局,加强相关理论研究、技术创新与力量预置,为确保太空开发利用活动安全奠定坚实基础。

综上所述,面向未来,国际社会需要共同努力,持续加强太空活动的安全性、稳定性和可持续性。维护太空活动安全,需要统筹安全与发展,大力提升太空进出能力、太空探索能力、太空开发利用能力,以实力维护安全,以实力保障安全。需要积极开发人工智能和机器学习等技术,持续提升太空态势感知能力,以更好地监测太空活动并对其进行预测,系统辨识太空进出、探索、开发和利用活动的安全因素,科学评价安全风险,建立安全信息快报、共享系统与应急联动机制,有效管控太空活动,有效应对太空活动安全问题,确保太空活动安全稳定进行。同时,需构建适用的太空活动安全法律法规标准,建立健全以《太空活动安全管理办法》为核心的规章制度和标准规范,为依法依规进行太空活动安全管理奠定制度基础。

第十章　太空资产安全

太空资产是指在太空活动中形成的各种资产。在外延上,太空资产既包括在太空或旨在发射至太空的资产,也包括在陆地环境中直接支持太空活动的资产;在形式上,既包括物质资产,如航天器、航天设施及信息、数据等,也包括非物质资产,如权益、技术、知识、品牌等。本章主要研究作为物质资产的太空资产,主要包括航天器系统(含天地运输系统)、太空地面设施和太空信息链路,三大部分共同支持太空活动。

太空资产安全是指太空资产不受危害、没有威胁的状态,以及保持这一安全状态的能力。从太空资产的组成看,太空资产安全可分为航天器系统安全、太空地面设施安全和太空信息链路安全。从安全威胁看,太空资产安全威胁包括自然因素威胁和人为威胁,自然因素威胁下的太空资产安全已在"太空安全环境"中专门进行过研究,本章主要研究人为威胁下的太空资产安全。太空资产安全是构成国家太空利益的核心要素,维护太空资产安全是维护太空安全的重要内容。

第一节　航天器系统安全

航天器系统在广义上是指在地球大气层外的外层空间开展太空科研、太空利用、深空探测等特定任务的飞行器及运送航天器、人员或物资的运载火箭、航天飞机等运载系统,以下简称航天器。按基本功能可分为航天器和运载器;按主要运行轨道可分为地球轨道航天器、地月轨道航天器和星际轨道航天器;按航天器是否载人可分为无人航天器和载人航天器;按用途可分为民用航天器和军用航天器;按航天器种类可分为卫星、空间站、深空探测器、地外天体设施等。航天器是形成太空能力,开展太空活动,完成太空任务的基本支撑,维护航天器系统安全是维护太空安全的重要内容。

一、 航天器系统安全的内涵和特点

（一）航天器系统安全的内涵

航天器系统安全是指航天器进入和返回、在轨运行和开展太空活动中自身的安全。航天器系统安全的内容包括航天器运行安全、航天器工作安全、航天员生命安全三个方面。

1. 航天器运行安全

航天器运行安全是指航天器在进出太空和在轨运行中不受干扰和破坏，保持航天器安全进出太空和在轨运行。

2. 航天器工作安全

航天器工作安全是指航天器在利用太空、开展太空活动中其功能发挥不受干扰和破坏，保持航天器正常、稳定发挥功能，执行太空任务。

3. 航天员生命安全

航天员是指经选拔训练合格、可在航天器上执行航天飞行任务的人员。航天员生命安全亦称宇航员安全，是指航天员在进太空、在太空、出太空的整个过程中不受干扰和影响，保持航天员持续、稳定、正常发挥能力，执行太空任务。

（二）航天器系统安全的特点

航天器系统安全具有如下特点：

1. 安全影响因素多

航天器在运行中面临众多安全威胁，如宇宙粒子、太空碎片、高辐射大温差的运行环境及各类人为攻击、误操作等。

2. 安全防御能力差

在当前技术条件下，为了保证航天器的工作性能通常都会牺牲航天器的其他非工作性能。因此，航天器防御能力普遍比较脆弱，并且改进航天器脆弱性，相对于航天器面临的威胁难度比较大。

3. 预警、维护和求助困难

航天器运行于宇宙空间，即使最近的也距地表几百千米，虽然目前已经拥有了一些太空态势感知和航天器遥测技术，也正在进行在轨维护方面的技术试验，但是，距航天器威胁预警、安全防范、在轨维护保障需求还远远不够。

二、 对航天器系统安全的主要威胁

对航天器系统安全的主要威胁包括蓄意威胁和非蓄意威胁。

（一）蓄意威胁

从人类进入太空那天开始，就开始了竞争和对抗，并始终伴随着人类太空开发的历程。1958 年 2 月，距苏联发射第一颗卫星不足 5 个月、美国发射第一颗卫星不足 1 个月，美国空军准将施里弗就宣称，未来关键的战争可能不是发生在海上、空中，而是在太空。同年 11 月，美国就启动了反卫星武器研发计划，之后，苏联也开启了相应的计划。为了维护太空安全，倡导和平利用太空精神，20 世纪 60—70 年代，联合国通过了一系列条约、法规，倡导对太空的和平利用，禁止对航天器的蓄意破坏，但是太空军事化愈演愈烈，武器化并未得到有效遏制。同时，随着太空对国家支撑作用的日益提升，恐怖主义也将目标对准了航天器，可以说对航天器的蓄意攻击从未停止。

对航天器实施攻击的手段可分为物理毁伤、信息干扰、网络攻击和在轨操控等；破坏的效果可分为毁瘫、降级、暂时失效和局部失效等。其中，对航天器信息干扰将在本章第三节太空信息链路安全中集中阐述，本节主要阐述对航天器的物理毁伤、网络攻击和在轨操控三种威胁手段及其效应。

1. 物理毁伤

物理毁伤，是通过一定的破坏机理，直接造成航天器的物理毁坏效应。目前，物理毁伤方式主要包括动能毁伤、定向能毁伤、电磁脉冲毁伤和核爆毁伤等。

动能毁伤是利用导弹、拦截器等直接撞击或战斗部爆炸破片撞击航天器，以造成航天器损毁。目前，针对卫星的动能攻击手段主要包括直升式拦截器和共轨拦截器。

直升式拦截器在原理上与反导武器类似，只是在射高上有所区别。该武器装有常规高爆战斗部，发射后利用火箭发动机将战斗部直接推进至在轨运行的航天器附近，直接撞击目标航天器，或引爆战斗部，利用爆炸破片或战斗部内预置动能毁伤装置毁伤目标航天器，是可以打击地球空间轨道航天器的拦截器。根据发射空间的不同可分为地基动能拦截器、海基动能拦截器、空基动能拦截器。由于直升式拦截器与战略反导导弹类似,一些国家多以反导为由,发展直升式反卫拦截器,美俄等国发展的战略反导导弹都具有直升式反卫能力。

共轨拦截器与人造地球卫星类似,载荷则装有常规高爆战斗部。共轨拦截器攻击方式是首先通过变轨进入与目标航天器相同的轨道,然后逼近、拦截,利用直接撞击方法毁伤目标航天器。与直升式拦截器相比,共轨拦截器更加节省发射燃料,对于高轨航天器的毁伤能力尤其突出,并且在发射和运行上与卫星相似,平时难以识别,战时突然变轨攻击,具有较强的隐蔽性。

动能毁伤武器的毁伤效应与流星、碎片撞击航天器的效应相似,轻者损伤航天器部件或使航天器偏离正常轨道,重者造成航天器解体。

定向能毁伤包括激光毁伤、粒子束毁伤和微波毁伤。

激光毁伤,是运用强激光光束精准和持续照射航天器,通过激光照射所产生的高热、电离、冲击和辐射等综合效应,毁伤航天器的传感器、光电仪器甚至卫星星体等。根据激光功率的大小和用途不同,激光武器可分为激光干扰与致盲武器、战术激光武器、战区激光武器和战略激光武器。激光干扰与致盲武器发射功率较低,属于低能激光武器,可以干扰和损伤航天器的传感器。战术激光武器、战区激光武器和战略激光武器发射功率较高,属高能激光武器,可以通过烧蚀使航天器失去工作能力。

美俄等国均进行过激光反卫的试验。目前,美、俄两国研制的激光反卫星武器主要有以下三种:一是地面激光反卫星武器。一般将激光器置于高山上,以减少大气层对激光能量的衰减。为了取得较好的作战效果,通常采取多个激光器同时对一颗卫星进行攻击,使卫星的光电元件因过热而失去工作能力。二是空中激光反卫星武器。就是将激光器装在飞机里攻击卫星。由于飞机在高空飞行环境中,大气非常稀薄,激光能量衰减少,相对于地面更有利于提高攻击效果,同时也可以扩大打击范围。美国已在波音 747 飞机上做过多次试验,取得了一定的效果。三是太空激光反卫星武器。是将激光器装在航天器上来攻击对方的卫星。由于航天器运行于相对真空环境,避免了飞机飞行时气流的干扰,更有利于激光器能量发挥。美国在发展"星球大战计划"中就计划发展太空激光反导武器,可直接应用于攻击航天器。据美国称,俄罗斯也试验了激光反卫武器。1975 年 10 月,曾连续 5 次用激光器照射了飞临西伯利亚上空的两颗美国早期预警卫星,使其红外感测器失效达 4 小时之久;同年 11 月,又连续两次照射了美国空军的另外两颗卫星;1981 年,利用一颗卫星上的小型高能激光器照射一颗美国卫星,使其光学、红外电子设备完全失灵。美国国防部曾估计,俄罗斯继承了苏联在激光武器方面的绝大部分研究成果,已有两台强激光装置具有反卫星能力,可使低轨卫星致盲或损坏。

粒子束毁伤武器,其技术原理是用粒子加速器把粒子源产生的粒子加速到接近光速,并用磁场聚焦成密集的束流,直接或去掉电荷后射向远距离目标,在极短时间内把极高的能量传给目标,以此摧毁目标或对目标造成软破坏。粒子束反卫星武器的杀伤效应和破坏机理主要分为三种:第一是形成接近光速的亚原子束,以巨大的动能摧毁卫星平台;第二,粒子束产生的极高热量可以熔融破坏卫星平台;第三,粒子束产生的强大电磁场脉冲热会把卫星的电子设备烧毁,或利用目标周围发生的 Y 射线和 X 射线使卫星电子设备失效或受到破坏。粒子束不受云、雾、烟等自然环境和目标反射的影响,也不会因目标被遮蔽或受到干扰而失效,其全天候和抗干扰性能较好。粒子束直接穿入目标深处,不需要维持一定时间的照射,有利于连续攻击多个目标。即使粒子束没有直接命中目标,也会在目标周围产生 Y、X 射线,造成二次伤害和破坏。由于粒子束在大气层内会出现能量急剧衰减,因此主要适合部署在外层空间。

2. 网络攻击

2020 年,美国发布了《太空网络安全的原则》国家政策,针对太空资产的网络安全问题进行了阐述。美国认为,太空资产从设计构思到发射和飞行操作都依赖于信息系统和网络。同时,在航天器和地面网络之间传输指挥、控制和任务信息也依赖于无线通信信道。因此,太空资产很容易受到恶意的网络攻击。

对太空资产的网络攻击方式包括信息欺骗、破坏传感器系统、干扰或发送未经授权的制导和控制命令,以及注入恶意代码,造成系统拒绝服务等。

对于航天系统的网络攻击,可能产生三类后果:一是瘫痪航天系统功能,如瘫痪航天器控制或数据系统,造成航天器无法提供服务;二是毁坏卫星,如通过把太阳能电池暴露于电离辐射环,完全释放卫星燃料或变轨再入大气层烧毁等,达到毁坏卫星的目的;三是控制航天器,主要通过网络病毒,接管航天器控制系统,并通过远程控制,指示航天器执行关闭功能、变轨或为己方服务。更有甚者,可能成为控制者的共轨太空武器,对其他航天器进行撞击,且可以逃避对手报复和国际社会追责风险。

3. 在轨操控和捕获

在轨操控和捕获,是指发射携带机器人或机械手的航天器,接近目标航天器或太空垃圾后对其进行维修、拆解或捕获。在轨操控和捕获技术具有应用的双重性,一方面可以用于在轨航天器的检测、维护、修理,可以对废弃航天器进行回收再利用,对太空碎片进行捕获等,这是有益于太空安全的方面;另一方面,也可以用于对敌方航天器进行抓捕、破坏,可以作为太空对抗的一种手段。

2012 年 6 月,美国国防部宣布的"凤凰"计划就是进行在轨操控或捕获目标航天器的试验计划。根据 DARPA 介绍,"凤凰"计划旨在利用类似机器人的运载器从地球静止轨道(地球上空 36 000 千米)许多已经退役或"死亡"的卫星上抓取仍能工作的天线,并将它们安装在从地面发射的较小卫星或纳卫星上。根据设想,"凤凰"计划首先是向地球静止轨道发射一个"补给船"运载器——类似机器人的卫星维修系统。这个补给船配有机械抓取臂和遥视系统。而卫星则单独作为额外有效载荷,与其他卫星一起发射,进入太空。补给运载器会在卫星周围盘旋,将其从寄居舱内拔出来,并送至合适的废弃卫星处。接着补给运载器会从退役卫星上拧下天线,安装到这颗卫星上,利用之前无用的太空废弃物以相对低廉的成本建造一颗"新"卫星。从维护太空安全的角度讲,凤凰计划具有较高的科学和经济价值。但是,"凤凰计划"所形成的太空操控技术也极有可能用于破坏和抓捕对手的航天器,作为高轨太空对抗的重要手段。

2015—2016 年,美国验证从一颗已退役的地球静止轨道卫星上切割天线,并与新卫星模块一起重构通信卫星的技术。具体包括:服务卫星与目标星远程交会、协调飞行的技术;以机械手捕获卫星的技术,在地球静止轨道进行多次精确机动的技术;与运行在不同轨道上的多颗卫星进行交会的技术;切割或拧取卫星天线等部位的技术。这些技术有助于实现对地球静止卫星的精确毁伤,一旦投入实战应用,将对通信、预警、气象卫星等高价值战略卫星构成严重威胁。

（二）非蓄意威胁

在轨运行的航天器间也存在非蓄意性的相互安全影响，主要包括三个方面，一是恶劣的太空环境，二是航天器运行中的碰撞事故，三是航天器工作中的电磁互扰。其中电磁互扰问题将在本章第三节"太空信息链路安全"中阐述，本节着重阐述航天器运行中碰撞事故的威胁。

1961 年 4 月，苏联航天员加加林首次叩开宇宙大门，人类从此开启太空新生活，实现人类发展史上的一次大飞跃，极大地促进了社会进步和物质文明发展。但太空浩瀚无比，道路曲折艰辛，充满着坎坷与挫折，是一首由狂欢的喜悦与悲伤的眼泪交织在一起的"航天交响曲"。太空不同于地面环境，缺乏人类生活所需要的条件，如氧气、水、食物和压力。因此，必须建造一个适于人们正常生活的环境实体，即通常所说的载人航天器，包括飞船、航天站、登月（或登其他星体）舱、个人飞行器等。

载人航天器在太空中自成体系，因为在这个密封式的微小环境中，有着一套保障生命的措施和环境控制系统，所以它可以使航天员在太空的失重、高真空、温度交变和强粒子辐射等环境中生存；它给航天员提供类似地球上的一切生活条件——足够的压力与氧气，适合人体的温度、湿度环境，充足的水、食物和能源，空气净化和废物处理等卫生条件，同时也设置了一旦发生意外所需要的应急救生装置与措施。所有这一切条件，对于在太空中生活的航天员来说都至关重要，无论哪个环节出现问题，都会威胁他们的生命。所以载人航天器必须高度可靠，万无一失。它的安全与可靠性决定着太空探险和人类向太空进军的成败。

载人航天器的发射不是孤立的，它与运载工具（火箭）、发射装置、测控设备和搜索救援工具等一道组成载人航天的大系统，这个大系统的任何故障都会影响航天员的安全。此外，在太空飞行过程中的安全还取决于航天员本身的素质，即适应性、应变能力及训练水平；还取决于航天员、载人航天器、航天特殊环境之间的配合，即航天中人-机-环境系统总体性能的配合与协调。

虽然航天器均按一定的轨道各自运行，但是由于可用轨道有限，在一定轨道范围内航天器密度相对较大。如果某些航天器出现运行异常将可能与其他航天器发生碰撞，并将可能发生连锁反应。在轨航天器密度越大,发生碰撞的可能性也越大,连锁反应发生概率和效应也越大。美国东部时间 2009 年 2 月 10 日上午 11 时 55 分,美国铱星 33 与俄罗斯已报废的宇宙-2251 军用通信卫星在西伯利亚上空约 790 千米处发生相撞,这是历史上首次卫星相撞事故。前者重约 560 千克,于 1997 年发射;后者重约 900 千克,发射于 1993 年,之前已处于报废状态。此次撞击事件发生在近地轨道范围(近地轨道又称低地轨道,一般高度距地面 2 000 千米以下的近圆形轨道都可称近地轨道)。通常这一轨道中气象卫星、通信卫星等较为密集。撞击产生的大量碎片已经散落到太空中,分布在高度为 500～1 300 千米的太空。

三、 航天器系统安全防护

维护航天器系统安全涉及的领域比较广泛,需要综合运用多种手段和措施,形成整体安全。

(一)营造良好太空安全环境

良好的航天器运行太空环境,是确保航天器系统运行安全最基本的条件基础。营造良好的太空安全环境,是维护航天器系统安全最根本的措施。

(二)提高太空态势感知能力

太空态势感知能力是掌握航天器运行情况和运行环境,实现危险预警的基础保障。通过开展国际太空态势感知合作,建设天地一体的太空态势感知网,了解航天器运行环境状况,发现运行威胁,及时控制航天器进行机动、规避,避免发生碰撞危险。加强态势感知能力建设还可以增强航天器运行危机的溯源能力,有利于做好太空交通管理,更有利于增强对恶意威胁航天器安全的威慑,减少对航天器运行的人为蓄意损害。

(三)增强本体安全防护能力

虽然抵御物理毁伤的航天器防御技术发展和应用都比较困难,但是,仍然有必要开发和应用航天器安全防护技术。在现有技术条件下,开发防御电磁干扰、网络袭击等蓄意攻击的防护技术,既有实现的价值,也有开发的条件基础。在当前的技术基础条件下,提高航天器本体的综合防护能力是比较现实和可行的途径。例如,美国自 21 世纪初开始,为了提高航天系统的稳定性,提出并逐渐采取小型、分布式的弹性航天器体系防护策略,通过小型化降低了体系成本,通过分布式增强了航天器体系整体抗毁能力,从而在一定程度上提高了航天器体系防护能力,取得了较好的效果。

第二节　太空地面设施安全

与太空中的航天系统正常运行密切相关的还有存在于地表(包括地面、海洋、天空)中大量的太空地面设施。

这些设施包括:航天发射场、回收设施、航天测控网和卫星应用地面系统等。航天发射场是指发射航天器的基地,包括测试区、发射区、发射指挥控制中心、综合测量设施、勤务保障设施等。回收场是指返回式航天器返回地球的着陆场及设施。航天测控网是指对航天运输系统、航天器进行跟踪、测量、监视、指挥和控制的综合系统,包括指挥控制中心、测控中心、测控站和多种传输线路及设备。应用系统是指航天器的用户系统,一般是地面应用系统,如各类应用卫星的地面应用系统、载人航天器的地面应用系统、空间探测器的地面应用系统等。

太空地面设施是航天活动设施的重要组成部分,是航天器进入太空、正常运行及返回的重要依托,其安全也是太空资产安全的重要内容。

一、　太空地面设施安全的内涵和特点

(一) 太空地面设施安全的内涵

太空地面设施安全,是指太空地面设施保持正常工作状态、不受损害和不存在内外部威胁的状态及保障这一安全状态的能力。

(二) 太空地面设施安全的特点

与航天器系统安全相比,太空地面设施安全具有如下特点:

1. 基础性

太空地面设施是整个航天系统和航天活动的基础设施,地面设施的安全关系到太空资产安全的基础,没有地面设施的安全,就没有太空资产的安全。

2. 易忽视

在整个太空资产中,天基系统位置显赫、特征突出,容易得到安全关注。而地面设施在太空活动中主要处于支撑地位,空间布局大多在国土境内,其安全问题往往容易被忽视。

3. 安全问题突出

太空地面设施虽然大多地处国土境内,但由于地面设施系统、人员比较复杂,存在诸多安全隐患,安全问题同样突出。一是大型地面设施系统,工作人员多、电气系统复杂,燃料、油料存放和加注、撤收容易引发安全事故;二是一些测控和地面接收设施处于偏远地区,防卫力量薄弱,容易成为恐怖袭击、社会暴力行为冲击的目标;三是由于太空设施在功能作用上具有极高的军事和国防价值,在战斗力形成上又具有极强的体系要求,同时,相对于太空中的军事冲突,地面军事冲突更易发生,而且对地面航天设施的破坏不易引发国际社会的强烈反应,因此,太空地面设施极易被选为太空作战的地面打击目标;四是地面发生的地质、气象灾害也易形成对太空地面设施的危害。鉴于此,在维护国家太空资产安全中必须重视太空地面设施安全。

二、 对太空地面设施安全的主要威胁

相对于航天器系统,太空地面设施所处的综合环境更加复杂,面临的安全威胁也更多。

(一) 蓄意威胁

由于太空地面设施处于地面或海上,受国际太空规则的政治制约性较小,相对于天基系统的安全,对地面设施的人为蓄意破坏威胁更加多样和易发。对太空地面设施的蓄意威胁手段可以分为物理毁伤、信息干扰、网络攻击和占领控制。其中信息干扰将在本章第三节太空信息链路安全中集中阐述。

1. 物理毁伤

太空地面设施大多位于国境内陆,也有一部分位于境外合作国家或海上。地面设施遭受物理毁伤的攻击方式比较多,主要包括空中突袭、地面袭击,对海上航天系统设施的袭击还包括海上或水下袭击。攻击的性质包括战争行为下的军事攻击、恐怖袭击、海盗袭击,社会暴力事件下的暴

力袭击,还有以盗窃、报复为目的的犯罪行为。

（1）军事攻击。航天系统在国防体系中占有重要的地位,战争中,是敌方攻击的重要目标。由于对天基系统的蓄意破坏受到国际法的严格限制,敌方更有可能通过对太空地面设施的攻击以达成军事目的。大多数太空地面设施处于国家内陆纵深,因此,敌方对太空地面设施的攻击主要是通过远程空中打击或地面特种作战袭击进行。以当今世界军事强国的军事力量,对手的航天地面设施既是空中打击容易达成的目标,也是性价比较高的目标。同时,航天地面设施冗余度小且需要组网工作,而一些小远散目标又具有防护能力弱的问题,在对手蓄意的空中打击之下,很难有效生存。航天地面设施面临的军事威胁形势比较严峻。

（2）恐怖袭击。恐怖袭击也是航天地面设施面临的突出威胁。一方面,国家航天活动影响效应大,破坏国家的航天活动,恐怖影响价值也比较大;另一方面,一些航天地面设施小远散配置,自身防护能力比较弱,容易使恐怖袭击得手。例如,一枚单兵火箭筒就可以在布防区域之外摧毁测控站的外部雷达设备;一枚反坦克导弹或无人机就能使处于待发射状态的火箭及其发射塔架毁坏。在国家进行重大航天活动的时候,特别是一些全球直播的航天活动中,一旦对地面设施网中的小远散机构设施发动突然的恐怖袭击,将极易达成恐怖事件的效果和目的。据资料报道,一些国际恐怖组织已经将一些航天活动作为恐怖袭击时机,袭击目标就包括一些重要的地面设施。

（3）社会暴力行为袭击。由于社会活动和利益关系的复杂性,在社会活动中,一些航天机构不可避免会产生与所处社会环境中不同利益集团或个人的矛盾冲突,如果处理不当,也会激化出社会暴力事件,形成对太空地面设施的暴力威胁,威胁的方式包括打、砸、抢、烧等,具有较大的危害和破坏性。另外,一些由于其他原因激发的社会暴力事件,若控制不当,也可能殃及区域内太空地面设施安全。

（4）个体犯罪威胁。太空地面设施包括了许多贵重的仪器、设备和物资,也引发了一些犯罪分子的"觊觎",犯罪分子通过拆解设备、切割电缆、盗取仪器、设备和物资,对太空地面设施进行破坏。还有在航天系统内部工作或与之有关联的人员,由于工作矛盾、人际关系矛盾或利益冲突等原因,产生了对航天机构的报复犯罪意识,进而对太空地面设施进行破坏,这也是太空地面设施面临的威胁之一。处于境外或海上的太空地面设施还面临来自驻在国社会暴乱或海盗袭击的威胁。

2. 网络攻击

对太空地面设施,如卫星控制中心、相关的测控网络和数据中心也可实施网络攻击。由于工作的需要,航天地面设施连接有诸多的信息信道,接触地面设施信息系统的人员也比较多,比较容易遭受网络攻击。网络军事力量或黑客可以通过网络进入地面设施网络中,并控制或破坏控制系统、信息处理或储存系统,使地面设施运行瘫痪。更有甚者,可能向航天系统发送假信息指令,造成整个航天系统失控或被控,从而影响整个航天系统的安全。

3. 占领控制

对一些位于海外或距国境较近、偏远地区的太空地面设施还可能存在被占领控制的威胁。占领控制者,可以是敌国或境外驻在国军事人员,也可能是恐怖分子。当航天系统的地面设施被占领控制后,占领者可用于多种目的。一是中止地面设施工作,破坏航天系统活动能力;二是向航天器发送指控信息,控制航天器运行;三是提出强制诉求,以要挟国家;四是截获太空信息链路,盗取国家秘密,等等。

(二)非蓄意威胁

对太空地面设施的非蓄意威胁主要包括事故灾害威胁、非针对性违法威胁等。

1. 事故灾害威胁

事故灾害威胁是指由于太空地面设施内部或外部发生安全事故或灾害,对太空地面设施产生的威胁。

内部安全事故灾害威胁是指太空活动工作人员因操作不当产生安全事故而对太空地面设施设备安全产生的威胁、危害或损害。如电气事故、燃料泄漏事故、火灾、设备损坏等。

外部安全事故灾害威胁是指由于太空地面设施所处的外部环境发生非针对性事故或人为灾害而对太空地面设施安全产生的威胁。如供电事故、大面积火灾等。

2. 非针对性违法威胁

太空地面设施大多实施封闭管理,但是,随着社会科技发展和社会生活的多样化,仍然存在一些社会人员非针对性违法行为对太空地面设施安全的威胁。如在驻地上空进行非法的无人机放飞,一些网民为追求网络效应对太空地面设施的非法拍照造成网络上传泄密等。

(三)地面地理气象环境威胁

太空地面设施主要建设和工作在地表环境中,无论是陆地、海洋还是岛屿,都有着多样的自然环境,这些环境因素均可能对太空地面设施形成威胁。

1. 气象灾害威胁

在地球大气层内,不可避免面临着气象因素的影响,诸如风霜雨雪、酷暑严寒、沙尘盐雾、洪水雷电等,这些因素都会对大气层内的物质造成一定的影响。例如,航天地面设施的生存受到气象环境的影响,如洪水、台风可能造成设施的毁坏,高盐、高湿和风沙可能造成设施被侵蚀;雷电、雨雪、风沙及严寒、高温也可能造成地面设施运行能力和质量的下降。

2. 地质灾害威胁

航天地面设施所处位置的地质灾难也会影响设施的安全。如地震、山体滑坡等地质灾难,可能毁坏地面设施或改变设施能力状态;地磁场变化了可能会影响地面设施电子设备的工作准确性。另外,海啸等地质诱发灾难也会对位于海上的或沿海地区的太空地面设施造成严重威胁。

三、 太空地面设施安全防护

维护太空地面设施的安全,应纳入国家安全的统一规划中。

第一,要从法律上强调国家航天系统的地面设施是国家重要的基础设施,受到国家法律的保护。一切破坏国家太空地面设施的行为都视为违法行为,违法人员应受到法律的惩处。并且,在国民中开展保护国家航天系统设施安全的普法教育,使国家太空地面设施受到良好的保护。

第二,在国防建设中将太空地面设施纳入国家军事防卫体系之内,特别要纳入国家战略防空体系中,确保太空地面设施的战时安全。

第三,将国家太空地面设施纳入国家反恐防暴安全体系,严密防范对国家太空地面设施的恐怖和犯罪行为。

第四,国家太空地面设施建设选址要充分考虑地质、气象安全问题,尽量避开地质、气象灾难高发区域,建设中也要充分考虑工程设施抵御地质、气象灾害的能力,提高太空地面设施安全能力。

第三节　太空信息链路安全

太空信息链路,是指在太空活动中产生并在太空活动中使用或在航天器及太空地面设施中处理、传输、存贮信息的路径。太空信息链路是太空资产的重要组成部分,是无形的太空资产。太空信息链路安全是太空资产安全的重要内容。

一、太空信息链路安全的内涵和特点

(一)太空信息链路安全的内涵

太空信息链路安全,是指太空信息链路未发生损伤或降效性变化、未遭受损伤或降效性威胁的状态及保持这一状态的能力。主要包括五个方面:一是太空信息链路的保密性,即太空信息链路面临失泄密的危险,秘密性太空信息链路一旦失泄密,将导致太空信息链路降效或失效;二是太空信息链路的完整性,即太空信息链路不被非授权损坏,如删减、毁坏、清除等;三是太空信息链路的真实性,即太空信息链路不被篡改、伪造等;四是太空信息链路的可用性,即太空信息链路能够及时、准确被航天活动的授权用户调取、使用;五是太空信息链路的可控性,即太空信息链路的生成、处理、传输、存贮和访问始终处于被有效授权者监测和控制之下。

(二)太空信息链路安全的特点

太空信息链路安全具有以下特点:

1. 重要性

无论从航天活动还是航天应用看,太空信息链路安全都是重要的内容之一。航天活动是高度信息化的人类活动,太空信息链路在航天活动中具有支撑性地位和作用。第一,航天设备是高度信息化的装备,没有太空信息链路的串联、控制和态势显现,航天设备无法正常运转;第二,航天活动要素众多,工程复杂,分布空间广阔,协同要求高,无时、无处不需要安全的太空信息链路予以支撑,没有太空信息链路安全,航天活动的安全也将无从谈起;第三,信息产品是当前航天利用最重要、也是占比最多的航天产品,是航天地位价值的最大体现,航天利用所得到的信息产品在生成、传输和早期处理、存贮中是太空信息链路的重要组成部分。因此,没有太空信息链路安全,不仅太空安全难以实现,其价值将大打折扣,而且也就没有真正意义的太空安全。

2. 广泛性

在空间上,太空信息链路广泛存在于航天器、太空、地表间及地面设施等整个太空活动空间中,小到一个航天工作场所,大到近地空间、地月空间、太阳系乃至宇宙,只要人类太空活动所及之处,太空信息链路就存在其中,航天安全问题也就存在其中。

3. 复杂性

太空信息链路具有多种存在状态,包括生成、处理、传输、存贮和访问调用等,太空信息链路安全也具有多种状态特征和能力要求,包括保密性、完整性、可用性、真实性及可控性等,太空信息链路安全的复杂性极为突出。

4. 防范困难性

太空信息链路安全问题的复杂性、广泛性,造成了太空信息链路安全防范的困难性。需要防范的部位、环节非常多,防范的因素也多种多样。并且,对安全状态或安全危险的识别也有较大的困难,比如,对于隐蔽性较强的人为威胁,信息的完整性、准确性、真实性等安全问题均难以识别。这些问题的存在,都给太空信息链路安全的防范带来诸多困难。

二、 对太空信息链路安全的主要威胁

与太空地面设施一样,太空信息链路面临的主要威胁也包括蓄意威胁和非蓄意威胁。

(一) 蓄意威胁

针对太空信息链路的蓄意威胁行为主要包括敌对国家的军事攻击、恐怖组织的恐怖行为和黑客的犯罪行为等。威胁的具体目标包括太空信息链路系统和太空信息链路传输链路,威胁的方式包括物理毁伤、信息干扰、网络攻击。

1. 物理毁伤

对太空信息链路的物理毁伤,是指通过毁坏太空信息链路采集、处理、

存贮和发送、接收设备,造成太空信息链路失真、损坏、清除的方式。

太空信息链路主要是以光、电、声、图等形式存在,依托一定的设备载体进行采集、处理、存贮和传输,离开这些载体,太空信息链路存在和活动将无法实施。利用动能武器、定向能武器、电磁脉冲武器等手段,通过对航天器、地面设施的整体或局部信息系统设备实施攻击,使航天设备信息功能降效或失能,从而造成太空信息链路无法正常采集、生成、处理、传输和贮存。具体威胁方式与本章第一、二节对航天器、地面设施的物理毁伤基本一致。

2. 信息干扰

信息干扰通常是指通过电磁干扰以及隐身、伪装等技术,以达到削弱、阻止太空信息链路产生、处理、传输和使用的威胁手段。相对于物理毁伤,信息干扰在破坏效应上属于软杀伤,通常不会对干扰对象造成永久的损伤,仅在干扰效应时间内使干扰对象产生暂时性降能或失能。干扰结束后,干扰对象仅会恢复功能。对太空信息链路的信息干扰主要包括对太空信息采集生成的干扰、对太空信息传输的干扰和对太空信息使用的干扰,干扰的方式又包括有源干扰和无源干扰。

(1)对太空信息采集生成的信息干扰。主要是对天基遥感、侦察及导弹预警、太空态势感知等航天活动的信息采集干扰,使采集信息难以生成或失真。干扰方式主要包括电磁干扰和隐身。

电磁干扰又可分为压制干扰和大功率杂波干扰。压制干扰主要用于对电子信号信息采集干扰,通过向被干扰的太空信息链路采集设备发送强于真实信号的电磁信号,使被干扰的太空信息链路采集设备只能分辨出接收的高能信号,从而掩盖了对真实信号的识别。干扰信号可以通过空中机载发射,也可通过地面发射。大功率杂波干扰是干扰合成孔径雷达信息采集的有效方法。天基或地面的合成孔径雷达设备是通过发射电磁波,并接收目标回波来进行对目标信息的采集。干扰方通过发射高强度的干扰信号,将其和雷达发射的目标回波混合在一起,可使雷达无法接收和分辨正常的电磁信号。

隐身是通过减弱目标自身的反射和辐射特征信息,使其难以被天基侦察、预警、太空态势感知等太空信息链路采集设备探测获取的信息干扰手段。隐身对太空信息链路威胁的实质就是使真实、完整的太空信息链路采集生成难以有效实现。主要技术路径包括,采用合理设计结构与外形,选用隐身材料,对被探测目标表面涂装吸波涂料,对被探测目标表面涂装光学伪装涂料,采用伪装设施对目标进行光学或红外伪装,设置假目标等。

(2)对太空信息传输的信息干扰。主要是电磁干扰手段,通过主动行为攻击太空信息链路转发装置或接收装置,降低太空信息链路传输质量,破坏太空信息链路传输的完整性。根据干扰的目标不同,对太空信息链路传输的干扰分为对天地传输链路干扰、对星间传输链路干扰和对地面设施间航天指控链路的干扰。

对天地传输链路干扰又可分为对上行传输链路干扰和对下行传输链路干扰。前者主要是攻击航天器上的信息解调和转发器,使有用信号难以接收,破坏太空信息链路的完整性。后者主要是攻击太空信息链路地面接收装置,使其无法正常工作,从而破坏太空信息链路的完整性,特别对于同步通信卫星下行信息,由于其轨道高,信号传输损耗大,更容易被干扰。太空信息星间传输链路通常位于太空,一般采用窄波束的微波、毫米波通信。对星间传输链路的干扰威胁主要来自布设于太空轨道和空中的干扰机。其干扰原理与其他电磁干扰原理基本一致。对地面设施间航天指控链路的干扰与一般意义的地面信息传输干扰差别不大。

对太空信息传输的信息干扰方式主要包括压制式干扰和欺骗式干扰。压制式干扰是实施干扰的一方使用强大的干扰功率实施对目标信号的完全压制,包括宽带强制阻塞干扰,扫频干扰,跟踪、瞄准式干扰等手段;欺骗式干扰是实施干扰的一方在被干扰太空信息链路通信信道上,截获、识别、利用被干扰方的通信方式、语言,进而注入发送伪造的欺骗信息,以造成被干扰方的太空信息链路失真或虚假。

(3)对太空信息使用的干扰。下面以对航天导航信息使用干扰为例进行阐述。对航天导航信息使用的干扰主要是通过干扰导航系统客户端的导航信号接收设备进行,干扰方式包括压制干扰、混合干扰、区域定向干扰、拦阻式干扰和欺骗等。其中混合干扰就是发射一种和导航信号载频相同并带有各种干扰波形调制的射频干扰信号,使敌方在指定地区的导航仪无法正确接收无线电导航信号,但必须产生功率足够大的干扰信号以抵消其扩谱增益。区域定向干扰就是采用和导航信号相同的载波频率、最佳的干扰样式和参数,使用定向天线,其天线主瓣对准敌方地域,实施的一种干扰。拦阻式干扰采用锯齿波宽带调频加噪声窄带调频干扰体制,锯齿波幅度控制拦阻频带带宽,窄带噪声调频在阻塞频带内产生均匀噪声干扰频谱,在阻塞频带内对所有无线电导航信号都能同时实施有效干扰。

对航天导航信息的欺骗是通过向客户端注入虚假数据实施,以达到破坏接收信息真实性的目的。干扰方通常使用卫星导航信号模拟器或使用软件定义的欺骗器,在真实导航信号后面插入逼真度高的假信号并不断发送。在发送过程中逐渐增大假信号的功率,直至增大到使接收机将假信号误认为真实信号,达到干扰的目的,而实际上是真实信号的点。例如,2017 年美国海事局报告,在黑海地区发生了 20 多艘船只遭到 GPS 信号欺骗袭击。遭受攻击的过程中,一些受害船只其导航设备显示"丢失GPS 固定位置",一些受害船只则出现 GPS 导航信息显示地点与实际地点相差数十海里的错误。

目前,一些航天国家奉行太空武器化,正在将对太空信息链路传输的破坏作为一种重要的手段用于作战。美空军早在 2004 年 10 月,就宣布部署第一个可暂时中断敌方卫星通信的"反通信系统",2005 年又增加部署两个系统。"反通信系统"武器由天线、接收器和发射器组成,可根据战场需要,机动部署。作战时,可以通过发射电磁射频能量干扰卫星通信,并且干扰可控,不损坏卫星元件。美军提出的导航战概念,实质就是通过破坏对手的太空信息链路传输,达成军事目的。因此,在维护太空安全的斗争中必须把维护太空信息链路传输安全作为重要内容,确保太空安全的整体有效。

3. 网络攻击

网络攻击是太空信息链路安全的重要威胁,具有较高的价值和隐蔽性。近年来,针对太空信息链路的网络攻击已经成为国际社会普遍关注的太空安全重大问题。

对太空信息链路的网络攻击方式多样,可以利用盗取的 IP 地址和各种软硬件存在的"后门"漏洞,通过欺骗手段获得太空信息链路系统的访问、操作等非法授权,对太空信息链路进行破坏性攻击。还可以通过将"病毒"、"木马"、"逻辑炸弹"及分布式拒绝服务工具等网络信息武器远程植入到对方的太空信息链路系统,进行潜伏、渗透、窃取以及破坏太空信息链路等活动。另外,还可以诱骗天基信息传输设备发送虚假信息,或截获传输信息,造成信息失密。

网络攻击对太空信息链路安全的威胁也具多样性。一是可以使太空信息链路系统拒绝信息服务,导致太空信息链路失控、不可用;二是可以对太空信息链路进行非授权访问,导致太空信息链路失密;三是可以通过非授权操作破坏信息数据,导致太空信息链路不完整或丢失;四是可以篡改、伪造太空信息链路,导致信息失真,等等。

(二)非蓄意威胁

对太空信息链路安全的非蓄意威胁分为航天器间电磁互扰和复杂电磁环境干扰。

1. 航天器间电磁互扰

航天器在轨运行中,存在太空环境中的航天器电磁信号相互干扰问题。航天器在轨运行需要以一定频段内的频率发送电磁信号,由于可用的无线电频段有限,如果使用相同频段,航天器间就可能产生电磁互扰,从而威胁太空信息链路安全,并影响航天器的功能发挥。国际电联虽然对各航天器的使用频段进行了规范,但当航天器数量过多后,频率资源相对紧张,仍有可能造成电磁互扰。

2. 复杂电磁环境干扰

随着社会信息化的发展,日常生活中的电子设备日益增加,特别是广播、智能遥控设备等持有和使用率急剧增长,使太空信息传输的电磁环境日趋复杂。复杂电磁环境对太空信息链路安全造成了一定威胁,威胁方式主要是信息干扰。在传输空域内,高密度、高强度、多频谱的电磁波对太空信息链路的影响不容忽视,可能降低信息传输质量,甚至导致传输中断,使传输任务失败。

三、 太空信息链路安全防护

维护太空信息链路安全,需要从硬件到软件、从个体到整体,采取综合措施。

第一,改进航天器信息系统的抗扰、骗、毁能力,提高太空信息链路的稳健性和可靠性。从当前的威胁手段作用效应看,改进太空信息链路传输接收端的信息防御能力,对提高太空信息链路安全的增效比较有利。

第二,将太空信息链路安全防护纳入国家网络安全综合防护体系,提高针对太空信息链路安全的网络攻击预警、溯源和防范能力,依托国家网络安全体系提升太空信息链路安全能力。

第三,改进太空信息链路保密技术手段,提高太空信息链路反渗透、防窃密水平。强化太空信息链路保密体制,完善保密机制,加强航天系统从业人员的保密教育,提高太空信息链路整体防护能力。

第四,加大应对太空信息链路攻击行为的威慑和打击力度。无论是个别犯罪行为,还是恐怖行为,都对太空信息链路的破坏危害极大,后果严重,必须坚决予以打击。通过坚决打击、严厉惩处,有效震慑犯罪,保证太空信息链路传输的安全性。目前,个别太空霸权国家恶意倡导运用电磁或网络手段对他国太空信息链路实施隐蔽攻击。为防范其他国家的敌对破坏行为,应严明国家维护太空信息链路安全的立场,采用有效的威慑手段,提高威慑和反制能力。

第十一章　太空资源安全

宇宙空间蕴藏的资源品种和数量之多远超地球，仅从太阳系范围来说，在月球、火星和小行星等天体上，有丰富的矿产资源；在类木行星和彗星上，有丰富的氢能资源；在行星空间和行星际空间，有真空资源、辐射资源、大温差资源和太阳能资源；还有由航天器飞行派生出的空间轨道资源、卫星频率资源和微重力资源等。太空资源泛指太空中客观存在的、可供人类开发利用的环境和物质，是研究新材料、新工艺、新微生物制品的绝妙实验场，其中主要包括相对于地面的高远位置资源、月球和其他行星资源、高真空和超洁净环境资源、太阳能资源等。随着地球人口的增长，能源消费需求急剧增加，各类资源逐步走向枯竭，太空资源正逐步显示出它的丰富与独特性，开发与利用太空资源变得势在必行，国际太空资源的争夺也越来越激烈，维护太空资源安全的重要性日益凸显。

太空资源安全是指一个国家或地区可以稳定可靠、经济合理地获取和保持太空资源的状态和能力。通常包括在太空资源开发利用上没有危险，不受威胁，具有维护和确保太空资源不受威胁，消除或降低失去太空资源控制的能力。

当前，国家/非国家行为体纷纷利用太空技术获取商业、社会和军事利益，太空资源安全问题日益突出，严重制约着人类利用太空的限度。本章探讨的重点是与现阶段国家太空安全联系最为密切且国际竞争最为激烈的三种太空资源的安全，包括太空轨道资源安全、太空频率资源安全及太空矿产资源安全。卫星的轨道和频率是所有卫星系统建立的前提和基础，是卫星应用产业发展的基本要素，既是人类所拥有的宝贵的自然资源，也是世界各国必争的一种宝贵的太空资源，对一个国家的政治、经济和国防建设具有重要的战略意义。近年来，世界各国对卫星发展日益重视，对卫星轨道和频率的需求也日益增长，特别是爆炸式增长的星座数量和建设规模，使太空轨频成为稀缺资源，对其争夺达到前所未有的激烈程度，一场围绕轨频资源展开的太空"圈地运动"已悄然展开。此外，随着月球探测器、火星探测器和行星际飞船的发射能力的提高及因成本下降导致太空经济领域准入门槛降低，太空矿产资源的争夺也已拉开序幕，"外星球表面开采"计划和行动竞相展开，以期通过开发利用月球和火星上的矿产物质和贵重金属资源，获取宝贵的太空矿产使用权和控制权。

第一节　太空轨道资源安全

包括卫星在内的各种航天器发射到太空围绕地球运行，都需要在太空占据轨道位置。太空轨道远离地表，高于大气层，在那里能够以不同高度、不同角度俯视地球。自从航天器问世后，科学家们首先想到的就是利用太空高远位置这一得天独厚的有利条件来造福人类，而太空轨道资源的开发利用也确实给人类带来了巨大利益。然而，尽管太空看似辽阔"无边"，太空轨道资源却是有限的。随着进入太空的卫星数量越来越多，太空轨道成为稀缺紧俏资源，导致轨道资源争夺加剧，进而产生轨道资源安全问题。

一、　太空轨道及其分类

太空轨道是指航天器所处的空间位置和运行路径，每颗环绕地球运转的卫星都有自己的特定飞行轨道。卫星的运行轨道是一条封闭的曲线，这条封闭曲线形成的平面称为人造地球卫星的轨道平面，轨道平面总是通过地心的。卫星轨道距地心最近的一点，称为近地点；反之，则称为远地点。近地点与地球表面的距离称为近地点高度，轨道近地点高度通常超过 180 千米；远地点与地球表面的距离称为远地点高度。根据开普勒行星运动第一规律，所有的轨道都是椭圆形的，如果远地点和近地点几乎一致，那么卫星的运行轨道近似圆形。

卫星轨道平面与地球赤道平面的夹角叫"轨道倾角"，它是确定卫星轨道空间位置的一个重要参数。这个倾角还显示卫星绕地球时向南向北有多远，如一个卫星的倾角为 60°，它绕地球运行就会北至北纬 60°，南至南纬 60°。轨道倾角等于 90°，则轨道平面通过地球南北极（亦称"极地轨道"），极轨卫星会经过整个地球。轨道倾角小于 90°为顺行轨道，倾角大于 90°为逆行轨道，倾角为 0°则为赤道轨道。

卫星运行的轨道主要有以下几种分类方式：

按距离地球表面的高度，卫星轨道一般分为三类：一是低地球轨道，又称近地球轨道（LEO）。近地轨道没有公认的严格定义，一般高度在 200～2 000 千米的轨道都可以称之为近地轨道。卫星运行一周约 90 分钟。二是中地球轨道，简称中轨（ICO 或 MEO）。位于近地轨道和地球静止轨道（35 785 千米）之间的人造卫星运行轨道都划归中地球轨道，但通常指距地面 2 000～20 000 千米的人造卫星运行轨道，卫星运行周期在 2～12 小时之间。导航卫星大都在此高度运行，例如 GPS（20 200 千米），格洛纳斯系统（19 100 千米）及伽利略系统（23 222 千米），中国的北斗卫星高度约 21 500 千米；部分跨越南北极的通信卫星也使用中地球轨道。三是高地球轨道（HEO），是距地面约 36 000 千米的轨道。卫星在高地球轨道上绕地球一周的时间与地球自转周期相同，约为 23 小时 56 分 4 秒，所以高地球轨道又称为地球同步轨道（GSO）。地球同步卫星常用于通信、气象、广播电视、导弹预警、数据中继等方面，以实现对同一地区的连续工作。

按轨道倾角大小或地面观测点所见卫星运动状况，卫星轨道一般可分为四类：一是一般轨道。二是地球静止轨道（GEO），是位于赤道上空，轨道倾角（卫星轨道平面与地球赤道平面的夹角）为 0°，距地面高度为 35 785 千米（近 36 000 千米）的地球同步轨道。地球同步轨道有无数条，而地球静止轨道只有一条。利用均匀分布在地球赤道上的 3 颗地球静止轨道卫星就可以实现除南北极很小一部分地区外的全球覆盖。三是太阳同步轨道（SSO），卫星的轨道平面和太阳始终保持相对固定的取向，轨道倾角 98°，是距地面的高度不超过 6 000 千米的近圆轨道。太阳同步轨道上运行的卫星，每天以固定的时间通过同一地方，在经过同纬度地区时有相近的光照条件，因此，此类卫星多利用太阳能电池作为电源，带有可见光遥感器的遥感卫星都采用太阳同步轨道。四是极地轨道，是轨道倾角为 90°的轨道，在这条轨道上运行的卫星每圈都要经过地球两极上空，可以俯视整个地球表面。在极地轨道上运行的卫星，可观测到地球表面的任何一点。

还有一种特殊轨道，如拉格朗日点探测轨道。拉格朗日点是指两大物体之间引力的"动平衡点"，在这个位置上的小物体受到来自各方引力的大小基本相同，因而更容易保持相对稳定的运行状态。在数学上共有五个解,分别是 L_1、L_2、L_3、L_4、L_5,其中 L_1 和 L_2 点的用处比较广泛。以日地系统为例,日地 L_1 点位于太阳和地球之间,L_2 点处于地球和太阳的连线上地球一侧,L_3 点则位于太阳一侧,而 L_4 和 L_5 点则分别位于地球两侧,与太阳、地球形成了一个等边三角形,如图 11-1 所示。

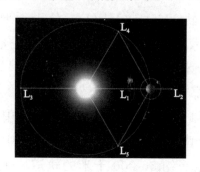

图 11-1　拉格朗日轨道示意图

由于位于拉格朗日点日地探测轨道上的航天器只需要很少的燃料就可以维持轨道稳定,因此成为航天器的首选目的地,并且日地系统中 5 个拉格朗日点的不同位置,具有不同的优势。如在日地 L_1 点上,航天器既不会被地球或者月球遮挡,还可以不间断地观测太阳或者地球的向阳面,是太阳观测卫星的理想轨道位置;L_2 点距离地球更近,可以为航天器提供最佳的通信支持,也是天文观测的最佳轨道。美国宇航局和欧空局的下一代太空望远镜詹姆斯·韦布太空望远镜就会被部署到 L_2 点上。

人造地球卫星的轨道,应根据其任务和应用要求来选择。例如,近地轨道卫星离地面较近,具有信号传输时延短的特点,因此绝大多数对地侦察卫星、气象卫星和一些新的通信卫星系统采用近地轨道;为了尽量扩大空间环境探测范围,卫星可采用扁长的椭圆形轨道;为了节省发射卫星的能量,卫星常采用赤道轨道;对固定地区进行长期连续的气象观测和通信(电话通信、电视节目转播以及海上移动通信)的卫星,通常采用地球静止卫星轨道;对全球进行反复观测的卫星可采用极地轨道;为了使卫星始终在固定时间飞过地球某地上空,也就是说要使卫星始终在相同的光照条件下经过同一地区,一般采用太阳同步轨道。

二、 轨道资源的稀缺与争夺

由于地球周围范艾伦辐射带的存在,卫星需要避开辐射区域,加之卫星轨道高度有价值高低之分,以及为防止通信频率干扰或发生卫星相撞事故需要保留一定距离等因素限制,卫星轨道资源总量是有限的。

太空轨道中最为稀缺的是地球静止轨道资源,因覆盖地球表面区域广、信号稳定,成为大多数通信、广播、气象卫星的首选。而且,从卫星工作性能发挥要求来看,整个地球静止轨道上的同频段卫星间隔至少要在1.5°,因此该轨道上的同频段卫星理论上讲通常不会超过240颗;加之该轨道具有唯一性,地球静止轨道数量已经远远不能满足世界各国的需求,从而引发了国家之间甚至同一国家不同部门之间的竞争。根据 UCS 卫星数据库数据,截至2021年4月30日的统计,在轨运行卫星总数达到4 084颗,增长率为14%。全球高地球轨道卫星562颗,高地球轨道资源已经较为紧张。

除了地球静止轨道外,低轨和常用的非静止轨道等其他轨道位置,资源也是有限的。原本低地球轨道空间一度被认为不那么稀缺,但是近地轨道通信卫星为了缩小对地观察、气象观察的时间间隔,也就是提高通常所说的时间分辨率,将单星模式工作的卫星分成多星模式工作,从而形成卫星群,也就是星座,从而使情况发生了变化。星座主要分为两种:一种是同一轨道面内卫星以等间隔相位布放的星座;另一种是不同轨道面内卫星以等间隔相位布放的星座。星座中卫星数量越多,所占据的轨道位置也就越多。随着适合部署卫星的轨道位置上卫星密度的增加,部署卫星时既要考虑频率干扰的问题,还要避免出现卫星相撞产生太空碎片事故。由于发射地球同步轨道卫星成本高昂,目前发展近地轨道通信卫星、采用多颗小卫星组成星座成为一个重点发展方向。低轨小型星座既有卫星功率省、便于发射、链路损耗小、传输时延短等优点,又有地球静止轨道卫星覆盖面积大,能提供实时连续通信的优点。美国的"铱星""全球星"是此种方案中的佼佼者。"铱星"系统由66颗工作星组成星座,设置6条卫星运行轨道满足技术性能要求。"全球星"系统由48颗工作星组成星座,卫星分布在8个倾角为52°的圆形轨道上,每个轨道部署6颗卫星,外加一个备用星。随着商业航天的快速发展,各大机构纷纷计划向太空发射大量低轨小卫星星座,以获取卫星信息商业应用收益,对近地轨道的需求也越来越广泛,近地轨道成为各国卫星企业争相抢占的重点资源。当前,巨型低轨通信星座被认为是具有排他性和极大先发优势的一个技术趋势,其中美国在地球近地轨道布局中抢占优势。SpaceX、OneWeb、Telesat 和 Amazon 四家美英卫星龙头企业计划到 2029 年前完成 46 100 颗低轨通信卫星发射工作,如果这些卫星全部上天,太空的卫星密度将大大提高。特别是 SpaceX 的"星链"计划,每次申报就多达上千条轨道,基本把低轨道的优质卫星资源占满了。当轨道与频率"捆绑"在一起后,只要轨道与频率申报成功,即使卫星还没发射升空,后申报的项目也不能跟前面的产生冲突,需要主动避让。当一小部分卫星损坏或寿命结束,会发射新卫星补网,而不是让出整个轨道资源,这就形成"先占永得"的局面,后发者想要规避"星链"的轨道与频率,就会变得越来越困难,只能高价租用别人的轨道资源。

通信星座和类似的高速卫星网络蕴藏着巨大的军用潜力和敏感的数据应用权利,争夺关键的轨道资源对于发展通信星座有着重要的战略意义,诸多参与者竞相加入轨道资源的竞争。曾被业界视为 SpaceX 最大对手的卫星互联网公司 OneWeb,虽然已于 2020 年 3 月申请破产保护,却依然在 5 月 26 日向美国联邦通信委员会(FCC)提出请求,希望把星座组网卫星数量增加至 4.8 万颗,而 SpaceX 公司的"星链"计划也多次对外宣称将提高计划中的卫星总量。截至 2020 年 1 月,全世界累计公布的类似通信星座项目数量达到 37 个,涉及至少 12 个国家的 30 家企业,拥有具体发射和部署计划的卫星总数超过 34 235 颗,而且这些数字还在不断增加。《"新基建"之中国卫星互联网产业发展研究白皮书》指出,到 2025 年,全球低轨通信卫星在轨数将突破 22 000 颗,低轨道卫星承载量将达到当前水平的 30 倍。预计到 2029 年,地球近地轨道将部署总计约 57 000 颗低轨卫星,届时低轨道轨位可用空间将所剩无几。

在中地球轨道,因为需要避开范艾伦辐射带对卫星的侵扰和破坏,除了少数通信卫星,如"奥德赛"卫星系统、ICO 卫星系统外,中地轨道主要分布为导航定位卫星,如美国的 GPS、欧洲的"伽利略"、俄罗斯的"格洛纳斯"和中国的"北斗"系统,从总体上看人类对其利用是有一定限度的。根据国际电信联盟(ITU)在 2019 年 11 月公布的数据,在通信星座最关注的非地球静止轨道卫星领域,目前共有 224 份通信类卫星网络资料,卫星总数达 156 298 颗,分别集中在 Ku(22 555 颗)、Ka(60 688 颗)、V(60 470颗)、E(12 585 颗)四个频段上。可以看出,中低轨道 Ka 和 V 频段卫星的轨道频率资源竞争已趋于白热化。

至于拉格朗日点日地探测轨道,如同地球静止轨道卫星一样,也是独特的稀缺资源。目前,在 L_1 和 L_2 点上曾经工作过和正在工作的航天器超过 14 个,主要来自于欧美科研机构。2021 年 3 月 15 日,中国嫦娥五号轨道器成功被日地 L_1 点捕获,成为中国第一个进入日地 L_1 点探测轨道的航天器。

早在 1974 年 9 月美国物理学家杰瑞德·欧尼尔在《今日物理》杂志发表的《太空的殖民化》一文中就讨论了在日地 L_5 点建立一个人类太空殖民地的设想。随着现代航空航天科学的发展,L_5 或可能成为人类未来星际殖民的试验场,特别是从长远看,L_5 点的殖民化设想具有更加重大的意义。鉴于拉格朗日点在近月空间探索和在维护太空通道安全中的重要地位,拉格朗日点探测轨道日益引起世界航天大国的关注。

目前从卫星申报所属国家来看,占据轨道资源最多、在轨活跃卫星总数第一的是美国。法国虽然没有公布明确和具体的卫星计划,但其轨道与频率储备最积极,巨型星座最多。加拿大、挪威、列支敦士登、塞浦路斯等国家也不甘示弱,在多个轨频储备资源,待价而沽。随着卫星轨道资源供需矛盾日显突出,一些国家为争取更多更好的轨道资源,尤其是地球同步轨道资源,向国际电信联盟申请了大量卫星轨道资源,先从名义上占有太空轨道,以获得轨道储备优势。

三、 轨道资源的分配规则

轨道资源是卫星运行中必不可少、极其稀缺的资源,一颗卫星所占据的运行轨道,很难与其他卫星共享,而新发射的卫星必须规避已有卫星的飞行轨道,否则就会产生卫星相撞的严重事故。2009 年 2 月,俄罗斯西伯利亚上空近 800 千米的高度就发生了美国的"铱星 33"与俄罗斯的通信卫星"宇宙-2251"剧烈相撞的事故,不仅导致"铱星 33"直接损毁,而且还产生了大量的太空碎片。

由于卫星轨道位于世界各国共处的宇宙空间,联合国《外层空间条约》规定,卫星轨道资源是全人类共有的国际资源。轨道资源的获取不是一个国家所能主宰的,而是由国际机构来管理,以国际公认的规则、工作程序和技术标准为依据。国际电信联盟(ITU)根据《无线电规则》协调空间轨道资源,国际卫星轨道分配机制主要有两类:一是协调法,即通过申报与协调的手段合理合法地"先登先占",即对于非规划频段的卫星轨道分配,需经过申报、协调和通知三个阶段,以获得所需要的卫星轨道,并且能得到国际保护;二是规划法,即通过规划的手段"平等"分配、规划卫星业务资源,具体程序按《无线电规则》相应条款进行。根据国际电信联盟《无线电规则》等相关条款要求,所有卫星系统在投入使用前,必须向ITU申报并登记其轨道资源的使用信息,轨道使用权的确认以申报通过的日期顺序为准,卫星即使先入轨但申报晚了,也只能让出轨道,有可能变成无法提供服务的"流浪卫星"。应该看到,国际电信联盟在卫星轨道分配程序上存在机制漏洞,这也人为加剧了轨道位置的有限性与稀缺。

自20世纪90年代初以来,许多国家越来越认识到轨道资源的重要性,卫星轨道申报的数量越来越多,国际争夺也越来越激烈,国际协调和谈判工作的难度也越来越大,甚至可能上升到了政治和外交层面。卫星生产周期通常只需一年半左右甚至更短,而获取轨道资源的谈判则需要几年甚至更长时间。经过多年努力,遵照国际规则规定的程序和要求,中国工业和信息化部无线电管理局代表中国政府无线电管理的主管部门,先后向国际电信联盟申报了各类卫星网络资料数百份,答复各类国际函电数千封,组织相关单位与十多个国家进行了近百次政府主管部门级会谈。目前,我国在国际电联登记有效的卫星网络资料组别涉及地球静止轨道位置和多种非静止轨道,涵盖国际电联已划分给各类卫星应用的所有频段,为我国军民各类卫星应用得以顺利开展奠定了重要基础。

四、 轨道资源的开发利用

近年来,大国博弈和局部地区冲突推动太空安全风险持续走高,世界各国愈发重视太空高边疆战略地位,轨道资源的开发和利用再度成为关注焦点。目前,近地轨道上已有两座空间站同时建造和运行,近地轨道载人航天重塑发展格局;月球探测掀起新一轮深空探测热潮,载人登月、商业探测拉开序幕,对轨道资源提出更高要求;在低轨商业对地观测星座、低轨互联网巨型星座才低轨物联网星座相继大规模部署的带动下,全球应用卫星发射数量不断攀升。

我国近年来在航天领域发展迅速,航天发射次数和成功率在世界名列前茅。在以实际卫星发射确认太空资源的导向之下,近年来很多低轨通信星座项目正在加速部署。中国航天企业推出了"虹云工程""鸿雁星座"计划等低轨道太空互联网计划,低轨通信卫星发展呈现快速追赶国际的态势。"虹云工程"由中国航天科工集团执行,计划发射 156 颗卫星,在距离地面 1 000 千米的轨道上组网运行,构建一个星载宽带全球移动互联网络。"鸿雁星座"计划由中国航天科技集团推出,在 2022 年建成由 60 颗卫星组成的通信网络;二期计划到 2025 年部署 320 颗卫星,构建"海、陆、空、天"一体的卫星移动通信与空间互联网接入系统,实现全球任意地点的互联网接入。

截至目前,中国星座计划中组网数量在 30 颗以上的低轨卫星项目已达 10 个,项目规划总卫星发射数量达到 1 900 颗,但是从发展计划来看,推动低轨道太空互联网等项目的力度还相当不够。我国新基建虽然也安排了太空卫星互联网项目,但相比发展 5G 的力度,项目数量和投资规模还是比较小(当前国际主要的卫星互联网计划见表 11-1 所列,中国主要的卫星互联网计划见表 11-2 所列)。

表 11-1　当前国际主要的卫星互联网计划

卫星互联网计划(项目)/星座名称	国　家	卫星数量	轨道高度/千米	推出时间	项目投资	项目进度
SpaceX Starlink	美国	42 000	其中 1 584 颗部署在 550 千米处的近地轨道	2015 年	500 亿美元	2023 年 9 月 12 日,SpaceX 成功发射第 105 批"星链"卫星,至此"星链"卫星总数到 5 091 颗,其中 2023 年升空 1 425 颗
Beoing V-band	美国	2 956	1 030~1 080	—	—	得到技术确认
Leosat	美国	108	1 432	—	—	完成了原型卫星发射,有卫星在轨
Amazon Kuiper	美国	3 236	—	2019 年	承诺将在该项目上花费超过 100 亿美元	2023 年 10 月,亚马逊首次发射 2 颗太空互联网原型卫星,标志着"Kuiper"卫星网络正式启动。亚马逊预计在 2024 年上半年发射首批量产卫星,在 2024 年年底为该计划的早期客户提供服务
Gonets Ⅱ	俄罗斯	288	1 449~1 469	2018 年	—	整个星群除了服务于军事需求外,还能为消费者提供通信、导航等服务

续表 11 - 1

卫星互联网计划(项目)/星座名称	国 家	卫星数量	轨道高度/千米	推出时间	项目投资	项目进度
One Web	英国等多国财团资本注入	一期648	1 200/8 500	2017年	34亿美元	2023年3月26日,一期648颗卫星部署已经全部完成,未来将致力于星座二期项目,最终计划在1 200千米高度近地轨道上部署6 372颗卫星,在8 500千米高度的中轨道部署1 280颗卫星
安全连接(Secured Connectivity)	欧盟	—	—	2022年2月	60亿欧元	2022—2027年欧盟将投入24亿欧元,其余资金由欧盟国家和供应商公私合作提供
Telesat	加拿大	196	1 000	2021年7月	约35亿美元	预计在2026年年中开始发射首批卫星,随即开始提供全球服务
Astrome	印度	600	1 400	—	—	已获得技术确认
O3b	卢森堡	27	8 000	—	—	已获得技术确认
Samsung	韩国	4 600	4 600			已获得技术确认,是Starlink之外数量最多的星座计划
微小卫星星座	韩国	100	—	2021年6月		计划在10年内建设100颗微小卫星组成的卫星星座

表 11 - 2 　当前中国主要的卫星互联网计划

星座计划	公 司	卫星数量	启动时间	项目进度
虹云工程	航天科工集团	156	2018年	2018年12月完成首星发射,计划2025年完成全部156颗卫星组网运行
鸿雁星座	航天科技集团	324	2018年	2018年12月完成首星发射,计划2025年完成300多颗卫星组网
行云工程	航天科工集团	80	2017年	第一阶段建设任务已经全面完成,计划2023年建设完成由100余颗卫星组成的物联网星座
天象星座	中电科集团	120	2016年	2019年已发射首批2颗卫星,构建开放式验证平台
天巡工程	上海北斗卫星	72	2021年	计划3年内发射72颗商业卫星

星座计划	公　司	卫星数量	启动时间	项目进度
银河 Galaxy	银河航天	1 000	2020 年	2020 年 1 月,首发星"银河一号"入轨,在国内第一次验证低轨 Q/V/Ka 频段通信。2022 年 3 月 5 日,成功发射银河航天 02 批批产卫星,为我国首批次量研制的 6 颗低轨宽带通信卫星,验证了我国具备建设卫星互联网巨型星座所必需的卫星低成本、批量研制及组网运营能力
天启	国电高科	38	2018 年	2018 年,发射第一颗天启星座卫星。此后每年发射约 5 颗。2023 年 9 月 5 日,谷神星一号海射型运载火箭将天启星座 21 星~24 星共 4 颗卫星送入预定轨道,至此国电高科已成功部署并运营 24 颗卫星,计划于 2024 年 6 月前完成全部 38 颗组网部署目标,形成全球覆盖
GW 星座计划	中国星网公司	12 992	2020 年 9 月	已向 ITU 申请了 GW 星座计划
G60 星链	上海垣信	1 296~12 000	2023 年 7 月	未来将打造低轨宽频多媒体卫星网络,目前实验卫星完成发射并成功组网,一期将实施 1 296 颗,未来将实现 12 000 颗卫星的组网

　　面对太空轨道资源"挤兑式"申报的现状,我国要加速国际太空轨频资源布局,做好轨频资源的需求论证和规划管理,制定国家卫星轨频申报使用中长期战略规划,保护并用好现有轨道资源,加紧申报新的轨道资源;抓住抢占太空互联网制高点的机会,加速推进低轨通信星座项目。同时,应积极引导鼓励支持社会和民营企业参与卫星发射、太空互联网等业务开发,建立国家主导、社会参与、企业分工协作的机制,充分发挥民营商业航天灵活、高效的优势;加大人才培养力度,积极主动开展国际谈判,在新一轮太空竞赛中谋取竞争力优势,切实维护我国的太空轨道权益,为我国经济社会发展提供资源保障。

第二节　太空频率资源安全

　　卫星在轨运行,向地面发送信息,必须依靠携带的电台,以一定频率向地面设备发出无线电信号,地面控制系统也需要通过无线电向卫星发出指令。随着卫星发射升空越来越多,卫星频谱资源也越来越有限。卫星频率之间相互干扰,影响卫星功能的正常发挥,成为限制卫星发展的瓶颈,直接或间接地威胁着太空安全。

一、 卫星频率及其特征

卫星频率是指卫星电台的信息感知、信息传输以及测控单元使用的电磁频谱,是随着卫星技术的发明而开始被人类开发利用的自然资源,是所有卫星系统建立的前提和基础。

国际电信联盟将 3 000 GHz 以下的电磁频谱称为无线电电磁波频谱,但是目前人类所利用的频率的最高上限为 400 GHz,实际上还没有技术能够利用这个频率。电波在太空与地面之间传播,存在大气层传播损耗,不同的频段电磁波特点不一样,传播损耗不同。其中在 0.3~10 GHz 频段间损耗最小,被称为"无线电窗口";在 30 GHz 附近频段损耗相对较小,通常被称为"半透明无线电窗口";其他频段相对损耗较大。各类卫星应用主要使用窗口频段,因此卫星电台常用频段只占无线电频谱的一小部分。尽管使用无线电频谱可以根据时间、空间、频率和编码四种方式进行频率的复用,但就某一频段和频率来讲,在一定区域、一定时间和一定条件下使用频率是有限的。每一无线电波都有其自己的频率,根据一定标准划分的通信信道在自然界也是唯一的。不同的频段,有着各自的无线电业务(各频(波)段无线电波的主要用途见表 11-3 所列)。

表 11-3 各波段无线电波的主要用途

波段名称	主要用途
超长波	导航、固定业务、频率标准
长波	导航、固定业务
中波	导航、广播、固定业务、移动业务
短波	导航、广播、固定业务、移动业务、其他
米波	导航、电视、调频广播、雷达、固定业务、移动业务
分米波	导航、电视、雷达、固定业务、移动业务、空间通信
厘米波	导航、电视、固定业务、移动业务、无线电天文、空间通信
毫米波	导航、固定业务、移动业务、无线电天文、空间通信

无线电频谱的特性具有如下几个特征:一是无线电频谱资源具有很强的技术依赖性。无线电通信使用的频谱资源最低可为 3 kHz,最高达

3 000 GHz。以目前的技术还无法利用超过 400 GHz 的频率,因而无线电频谱资源是有限的。随着通信技术的发展,人类可以扩大对频率的利用。二是无线电频谱具有非消耗性。无线电频谱是可以被利用但不会消耗掉的资源,当某种无线电业务停止使用时,它所占用的无线电频谱同时被释放出来,可以再提供给其他无线电业务使用,所以无线电频谱是一种非消耗性的资源,如果得不到充分利用而大量闲置,是一种资源浪费;同时,若无线电频谱使用不当,会造成无线电业务之间的严重干扰,给无线电应用带来极大危害,是一种更大的资源浪费。三是无线电频谱传播虽不受空间限制,但要受到控制。无线电波有其固有的传播特性,它不受行政区域、国家边界的限制。这一特性决定了任何一个国家、一个地区、一个部门甚至个人都不得随意地使用,否则会造成相互干扰而不能确保正常通信。为了充分、有效、合理地使用频谱资源,防止国际间相邻或相同频谱干扰,国际电信联盟通过区域性的短波频率协调,将相互间的干扰降到最低限度。一个国家也需要对其管辖的地域进行无线电频率的管理。从这个意义上讲,无线电频谱的使用受到地域的限制。四是无线电频谱资源容易受到污染。无线电频谱容易受到人为噪声与自然噪声的干扰,一旦受到干扰,会造成信号传输失真或者根本无法传送信息。如,就自然干扰而言,存在雨衰、电离层闪烁等干扰。为保证通信质量,需要根据无线电各频率的工作特点,确保其覆盖所要服务的地区,对频率进行科学的指配,防止频率相互干扰,使频率得到最大限度的利用。

二、 卫星频率的获取使用规定

卫星频率资源的获取必须依据国际电信联盟(ITU)制定的《无线电规则》和《程序规则》进行开发利用,频率的使用必须进行国际协调。在西方主要发达国家,特别是在美、俄等航天强国的推动下,卫星频率资源的分配主要通过"先申报登记可优先使用"的抢占和"公平"规划两种方法进行。

依据国际规则,各国首先根据自身需要,在卫星发射前的 2~7 年内,向国际电联申报所需要的卫星频率资源,先申报的国家具有优先使用权;按照申报顺序确立的优先地位次序,相关国家之间要遵守国际规则开展国际频率干扰谈判,完成必要的国际频率协调工作,后申报国家应采取措施,保障不对先申报国家的卫星产生有害干扰。卫星频率资源在申报后的 7 年内,必须发射卫星启用所申报的资源,否则所申报的资源自动失效,申请频率将会被注销。通过这种方式抢占卫星频率资源,需要经过申报—协调—登记的过程。同时,为防止少数发达国家借助其技术和经济实力优势,抢占所有的卫星频率资源,国际电联《组织法》依据"公平地使用无线电频率"的原则,为各个国家和地区规划了部分卫星频率资源。

国际电信联盟的核心工作之一就是对频谱和频率的管理与指配,1977 年国际电信联盟将频率划分为 3 个频率区:第一区包括非洲、欧洲、俄罗斯的亚洲区和蒙古、伊朗边界以西的国家;第二区包括南北美洲;第三区包括亚洲的大部分和大洋洲。

随着太空活动的开展,国际电信联盟不断对卫星频谱划分及用途做出修改和调整,对卫星通信业务使用的无线电频率做出规定。根据《无线电规则》中关于太空业务频率划分,国际电信联盟确定的卫星频段主要在 C、L、S、Ku 等频段,也就是微波波段,对 Ka 段只进行了部分使用,Q 段和 E 段利用尚待进一步探索和开发。如国际电信联盟确定的卫星电视广播频率在三个频率区作为分配表。低于 2.5 GHz 的 L 频段(1~2 GHz)和 S 频段(2~4 GHz)大部分用于静止卫星的指令传输及特殊卫星业务如卫星导航等;大多数卫星固定业务使用 C 频段(4~8 GHz)和 Ku 频段(12~18 GHz);Ka 频段(18~40 GHz)作为星际链路频率业已开始应用。

目前,国际电联正在研究修改相关规则,引入"里程碑"规定,即必须在规定时期内部署一定数量的卫星才能获得相应的国际规则地位,这对相关国家的工程建设和实际部署及加强频率资源获取提出了一定要求。

三、 卫星频率资源稀缺性

虽然国际电信联盟确定了上述频段为卫星业务频谱,但并不是所有的频率都可以用来作为卫星频谱资源,因为频率没有间隔就会出现干扰。为防止相互间干扰,通常将频段内的频带分为若干个频道,对每个频道的划分也作出规定。各相邻频道间需留有一定的间隔,一般规定为 18~20 MHz,每个频道的频带为 27 MHz。

为了保护相邻频段的卫星通信业务不受干扰,必须留有一定的保护带。每个保护带和频率间隔所占用的频率,使得每个频段上的可用频率进一步减少。由于目前技术的限制，造成某一频段过度使用，导致这一频段资源的短缺，甚至极度稀缺。此外，出于军事目的对无线电频率的需求也在急剧增加，从而导致卫星频谱资源的进一步紧张。如，为保持对敏感地区的监视及为应付可能的紧急事态或战争，以美国为首的西方国家大力发展军事卫星，以便对军事力量进行快速投送、快速打击，为此不惜全力抢占宝贵的频谱资源，以支持联合军事行动；其他国家为反制美国将太空军事化、武器化，也在积极发展军事卫星占用频率资源，这又进一步加重了频谱资源的稀缺。另外，由于卫星使用频率要向国际电信联盟申请，存在向国际电信联盟申请更多的卫星频率资源的情况，人为地造成资源紧张与稀缺。

从 20 世纪五六十年代起，美国、俄罗斯等航天强国或出于降低发射成本，或出于军事需要目的，已向国际电联申报并依照国际程序获取了大量的频率资源，以支撑其数量庞大的卫星系统。其中，美国的 GPS 系统和俄罗斯的格洛纳斯卫星导航系统在早期抢占了中地球轨道全部 5 个导航频段中的 4 个，占用了 80% 的"黄金导航频段"，迫使其他国家只能抢占为数不多的剩余频段。欧洲的伽利略和中国的北斗在研发过程中也隐藏着抢占频率的矛盾，双方为频率申请的先后问题拉扯了 8 年。2010 年，中国第三颗北斗二代卫星进入轨道，率先使用了接近美国 GPS 的频率，迫使伽利略系统只能选择其他频率。

随着空间技术的发展和卫星侦察、通信和导航等卫星应用需求的大量增加，卫星资源申报的数量越来越多，国际谈判难度也越来越大，卫星频率资源日趋紧张，供需矛盾日见突出。世界各国为维护自身的军事或经济利益，纷纷加大了频率资源的申报力度，抓紧抢占卫星频率资源，卫星频率成为国际太空行为体竞相争夺的战略资源，频率资源的争夺也从技术层面拓展到了外交、经济、政治、军事等各个方面。

从频段分布来看，低于 3 GHz 频率段的争夺比较激烈，原因是该频率段的 L($1\sim2$ GHz)和 S($2\sim4$ GHz)频段主要用于卫星移动通信、卫星无线电测定、卫星测控链路等应用；C 频段中的 $7\sim8$ GHz 频率段的争夺非常激烈，因为该范围的频率多为地球静止轨道卫星所用。就高轨系统来说，目前全世界 90% 的地球静止轨道，即高地球轨道轨位 C($4\sim8$ GHz)和 Ku($12\sim18$ GHz)频段控制在少数几个运营商手中，几乎所有的发展中国家都得向这些运营商付费租用频率位置。C 和 Ku 频段主要用于卫星固定业务通信,从国际电联登记情况看,地球静止轨道上 C 频段通信卫星已近饱和,Ku 频段卫星也很拥挤,到了需要严格管控的地步,否则卫星"撞车"就会成为必然。目前想通过非商业合作的渠道拓展任何一个 C 和 Ku 频段的高地球轨道轨位的机会几乎没有。就低轨系统而言,依照目前国际电联的启用规则,卫星运营商只需要有一颗在轨卫星,该运营商就可以启用整个非静止轨道卫星网络资源,因低轨星座频率使用具有较强的排他性,已经呈现较为突出的频谱资源紧张局面(用于卫星通信的无线电频段见表 11 - 4 所列)。

表 11 - 4   用于卫星通信的无线电频段

频　段	频率范围/GHz	IEEE 中对应的频段/GHz	主要业务应用
UHF(特高频或分米波频段)	0.3～3	UHF(0.3～1)	窄带卫星通信系统的主用频段
		L(1～2)	主要用于移动卫星通信和广播电视节目传输业务
		S(2～4)	
SHF(超高频或厘米波频段)	3～300	S(2～4)	
		C(4～8)	主要用于国际卫星通信和国内卫星通信,还用于广播电视节目传输业务
		Ku(12～18)	主要用于通信和广播电视传输业务
		K(18～27)	
		Ka(26.5～40)	该频段虽然电波传输损耗大,特别易受降雨及大气中的水汽凝结物的影响,但由于可能频带宽,是目前宽带多媒体卫星考虑采用的频段
EHF(极高频或毫米波频段)	30～300	Ka(26.5～40)	
		V(40～75)	V 频段转发器以及多点波束和频率复用等新技术的应用,极大地提高了卫星的通信能力

近年来,越来越多的国家希望发起自己的"卫星项目",包括日本、印度、韩国、马来西亚在内的亚太地区的一些国家,纷纷自行或联合制造通信卫星,加紧申报并获取频率资源,各国卫星之间出现需要协调的情况时有发生。更有甚者,有些国家和它们的本国公司,利用国际电信联盟规则

的漏洞,向国际电信联盟申请卫星频率,然后向其他国家、公司出售所得到的卫星轨频资源,谋取商业利益。如,汤加早期申报了大量的频率资源并获得了优先使用权,此后以经营优先使用权来获取经济利益。还有一些国家和组织,出于自身利益考虑,先占领频率而后发射卫星,许多卫星仅仅作了书面登记,成为所谓的纸面卫星。国际电信联盟关于频率资源的分配,实际上建立了"效率优先、兼顾公平"的原则,这种分配原则强调的是"效率","公平"只是兼顾,"效率"压倒了"公平"。这个分配原则是在太空时代的初期提出来的,具有一定的历史合理性,但是随着越来越多的国家进入太空,以及将来肯定会有更多的国家进入太空,一些欧美国家强占了大量卫星频率资源,造成了"效率"与"公平"之间的严重脱节,从而产生了诸多问题,许多太空后发国家没有机会获取频率资源,这进一步加大了"富国"与"穷国"之间的数字鸿沟。有些国家为了得到这些资源铤而走险,擅自发射卫星,利用分配给固定卫星业务使用的频率,或者使用已经在国际电信联盟登记过的频率,从而引发太空安全隐患。因此,公平获取卫星频率资源成为太空安全问题的一个重大挑战(全球四大卫星导航系统情况见表 11-5 所列)。

表 11-5 全球四大卫星导航系统情况

系统名称	中 国	美 国	俄罗斯	欧 洲
	COMPASS	GPS	GLONASS	GALILEO
频段	采用频分多址体制,卫星靠频率不同区分(占据次优频段)	固定频段(占据最优频段)	采用频分多址体制,卫星靠频率不同区分(占据最优频段)	采用频分多址体制,卫星靠频率不同区分
开发历程	2000 年建成北斗一代;2012 年北斗二代投入运营;2020 年 7 月 31 日北斗三号全球卫星导航系统正式开通	20 世纪 70 年代开发;1994 年全面建成;目前正加速 GPS 系统升级换代	20 世纪 80 年代开发;1995 年投入使用,恢复全面运行后,预计利用 GLONASS-K 系列卫星完成空间星座更新,至少推迟至 2024 年左右	20 世纪 90 年代提出;2002 年批准;2008 年开始建设;2013 年 4 颗全面运行的伽利略卫星组网成功;目前系统稳定性与可靠性还不足
定位精度	军用<1 米,民用<1 米	军用<1 米,民用<10 米	军用<1 米,民用<10 米	民用为主<1 米
计划覆盖	亚洲-太平洋、全球	全球	全球	全球

四、 卫星频率的管理利用

频率资源是发展太空业务的必要条件,根据国际法规,各国拥有和平探索和利用外空活动的权利,必须平等、合理、经济、有效地使用卫星频率,采用有效的机制以充分利用频率资源。各国公平获取卫星频率资源,是保证太空安全的一个重要方面,但在西方发达国家实行技术封锁的情况下,后发国家进入太空并非易事,而改变西方国家主导卫星频率资源的分配规则难度巨大。

例如,美国联邦通信委员会(FCC)对 SpaceX 的星链计划在政策上实行倾斜,在频率等申请过程中创造了很多便利。2019 年 8 月,美国联邦通信委员会通过了简化小卫星审批程序的文件。该文件针对满足特定条件的低轨星座放宽了审批要求,降低了申请门槛,缩减了审批程序,大大便捷了美国公司的小卫星申请程序。美国联邦通信委员会在一份声明中就表示:"通过这一行动(星链计划),委员会将进一步采取措施,提高美国高速宽带的可用性和竞争力。"这也从侧面印证了美国联邦通信委员会对星链计划的支持,使得 SpaceX 能够很快申请到相关频率。目前该公司已经超前占有 4 万多份频率资源,涵盖 Ka、V、Q 频段。美国联邦通信委员会不仅对包括 SpaceX 在内的商业航天项目给予支持,还有专人常驻国际电信联盟,目的就是方便申请频率资源。这种积极、强势的政府风格,是 SpaceX 等美国民营商业航天公司获得如此巨量卫星频道资源的重要原因。

我国国家无线电管理局的角色类似于美国的联邦通信委员会,其职责是对内分配资源,对外申报、协调卫星频率。我国卫星频率资源管理法规主要有《中华人民共和国无线电管理条例》《中华人民共和国无线电频率划分规定》《卫星网络空间电台管理规定》等,其中《中华人民共和国无线电频率划分规定》参照并遵循国际电信联盟《无线电规则》,对各种无线电业务包括空间业务使用的频段作了划分规定,是我国最重要和最基本的频率管理政策文件,是国家进行无线电频率中长期规划的依据。自从我国加入太空开发的国际公约以来,随着国家卫星业务发展的不断深入,国内法规对加强卫星频率资源科学规划和合理利用、维护中国卫星频率资源的合法权益,发挥着越来越重要的作用。经过多年发展,我国在国际频率信息总表登记的卫星网络数越来越多,随着航天企业"虹云工程""鸿雁星座"计划及民营商业航天公司的物联网星座卫星计划的推出,其中大部分已获得频率许可,但与美国、俄罗斯等超级大国还有一定差距。

未来,卫星频率需求将向以下几个方面发展:卫星固定业务将向高频段、大容量、数字化、宽带化、IP化方向发展;卫星移动业务将进一步开发新的频段,并研究频谱有效利用技术;卫星气象、卫星地球探测等空间业务的频段将向更多、更高、更大带宽方向发展;卫星遥测遥控频段也将进一步扩展。为顺应卫星频率需求发展方向,在组织体制上,要明确任务职责,理顺业务关系。从管理制度和队伍建设入手,理顺相关部门、单位之间的职责关系,统筹卫星资源管理与卫星发展,及时、高效地开展卫星频率资源的申报与协调,按照国际规则惯例科学、合理、经济、有效地进行卫星频率管理和使用。在政策法规上,应加大宣传力度,加强贯彻执行。中国无线电管理相关部门需要全面准确理解运用有关国际法规特别是《无线电规则》的具体内容,统筹考虑中国无线电技术、业务的发展及相应的频率使用需求,把握发展动态,进行超前构建。频率资源的获取和维护是一项长期而复杂的任务,有关管理部门和使用单位应通过各种途径,及时获得国内外卫星业务领域的发展现状和发展动态,分析频率规划需求,制定国家卫星频率申报和使用中长期战略规划,做好频率资源的规划管理和需求论证工作,同时开发新的频率频段资源,加强国际国内协调,积极参与国际频率资源竞争,维护我国使用卫星频率资源的合法权利和利益,保证卫星业务的正常开展。

第三节　太空矿产资源安全

人类发射月球探测器和行星际飞船,已经探测到月球、小行星、火星上拥有丰富的物质资源。月球表面不仅储存有丰富而清洁、安全的核聚变燃料氦-3,而且还富含硅、铝、钙、钠、铁等元素矿物资源;在一些小行星上发现了丰富的铁、镍、铜等金属和宝贵的稀土元素,特别是在月球和火星上,探测到存在大量水冰,储量有上亿吨,这些都为进一步开发月球和火星创造了条件。随之而来的太空矿产资源竞争异常激烈,太空矿产资源安全也成为国家太空安全的关注点之一。

一、 太空矿产资源及太空采矿

外层空间拥有极其丰富的矿产资源,目前已知有超过 9 000 颗直径大于 46 米的小行星,其中将近 1 500 多颗小行星拥有重金属、碳等矿石资源。全球铁矿石资源约 8 000 亿吨,铁矿石年产量约为 10 亿吨,但一颗直径只有 1 千米大小的小行星,却可能含有数十亿吨铁镍矿。地球每年能开采的铂金大概只在 200 吨左右,但这种不可或缺的铂族金属在地球周围的小行星中也有着近乎无限的资源。例如,2017 年 7 月 20 日与地球擦肩而过的小行星 2011 UW - 158 中的铂金含量估测达到 5.8 万吨,价值约 1.7 亿美元。而地球上最常见的 17 种元素,在月球上比比皆是。月球拥有丰富的热核材料、金属与非金属矿物,不仅可为建立月球城就地提供原材料,而且可开发供地球人类长期使用,并为以月球为基地进一步开发宇宙空间提供燃料和生活必需品。

太空采矿主要是指开发地球以外天体的物质资源并加以利用的商业行为,主要包括原位利用、运输到太空中的加工点、运送回地球等。太空采矿产业的潜在价值主要体现在两个方面:一是太空采矿对人类探索太阳系具有重要意义,太空矿产资源的有效开发与利用将为探索更远的天体提供支撑,利用太空矿产资源制备的推进剂、水资源等可将航天器与人类送往更遥远的太空,推动太阳系探测活动的深入;二是太空采矿为解决地球资源危机提供新途径,月球、小行星及太阳系中其他行星等天体中蕴含大量地球稀缺的矿产资源,可将其视为地球发展的巨大矿产资源宝库。太空采矿需要综合利用空间科学与技术(包括空间信息科学)、采矿学、行星学、天体力学、天体物理学、地质工程等理论与方法,涉及从近地到深空、从表层到深部的定位定向、资源评估、全息勘探、无人开采、智能分选和原位利用等科学与技术。目前有关太空采矿的研究仍处于基础阶段,但是人类已经进行了半个多世纪的深空探测,积累了较为丰富的资料及前期技术,其中部分技术经过改造、深化,未来可用于太空采矿。1903 年,苏联火箭之父康斯坦丁·齐奥尔科夫斯基就提出了开采太空资源的想法,但一直未付诸实践。1962 年,美国实施阿波罗计划期间就已认识到月球采矿的需要,成立了地球外资源工作组,任务是进行月球和太空开发,减少对地球资源的依赖性。1989 年,美国航空航天局(NASA)成立了地球外采矿与建设指导委员会,任务是评价行星表面的各项活动,弄清月球采矿与建设相关的各种问题。1990年,美国矿业局完成了月球采矿技术的初步评价,提出了露天与地下采矿的可行方案。技术被认为是阻碍人类从事太空采矿的最大障碍,各国科学家正力求在科学技术上不断创新,以克服太空星体环境的不利条件,实现月球及空间资源的安全开发利用。

二、 太空采矿的发展现状

根据美国航空航天局(NASA)提供的数据,仅在位于火星和木星之间的小行星带中就有超过50万颗小行星,包括大约200颗直径超过60英里(约100千米)的小行星,其中的资源能带来的潜在收益约为700兆亿美元。随着近年来地球资源日益枯竭以及航天航空技术的发展,太空采矿再次迎来热潮。据Asterank网站评估已知的小行星构成,预估它们的经济价值将超过1万亿美元。根据美国市场调研机构数据,2018年太空采矿的市场规模为6.5亿美元,2025年市场规模预计可以达到28.4亿美元。目前,伊空(Ispace)私人投资月球商业性勘查公司正在与合作伙伴一起共同制定全球首份太空矿产资源计算标准,即月球矿石储量标准(LORS,Lunar Ore Reserves Standards 101)。鉴于人类的太空科技发展速度非常快,科学家预测未来10~20年,人类就能够实现初步的小行星开采。

太空采矿的发展重点是月球采矿、近地小行星采矿和其他天体采矿。月球采矿通过实施月球土壤采样分析,掌握有开发利用价值的钛、铁等多种元素的含量和分布,通过获取的月壤厚度数据估算核聚变发电燃料氦-3的含量、分布及资源量,评估月球矿产资源的开发利用前景。近地小行星是近期最有价值的太空采矿目标之一,小行星带中有足够的矿产资源,可满足地球未来许多年对铁和镍的需求。小行星采矿的价值主要体现在为地球补充珍贵稀缺的矿产资源,为运送人类到达火星的飞船提供燃料,以及支持航天器进入更遥远的太空等方面。其他天体采矿是在太阳系内其他天体进行探测活动,寻找适合开发的对象,包括火星、陨石等。

早在2010年以前,一批欧美企业便开始部署外空的矿产开采策略,并计划建立完善的相关法律法规。目前全球做小行星采矿相关领域的商业公司已经有20多家,分布在美国、欧洲和日本等国。

2012年,行星资源公司在美国西雅图成立,目标是开展太空探索并致力于小行星资源开采。与行星资源公司几乎同期成立的还有美国深空工业公司(DSI),该公司于2015年5月发射了第一艘太空飞船,对其小行星勘探技术进行了测试。两家公司已经投资小行星采矿,可能在2025年之前开始开采。2013年,时任美国航空航天局局长的查尔斯·博尔登宣布,该机构"执行有人居住的月球任务"不排除与其他国家或者私人公司进行合作。在此背景下,美国航空航天局与美国国内太空采矿公司建立合作关系,评估小行星采矿计划的商业规划,并向相关公司提供拨款等。据称,马斯克的SpaceX公司与NASA合作,准备开始探测地球附近一颗名为灵神星的"富金"小行星,该小行星直径约120英里(约合192千米),其内部主要成分是铁、镍和一些稀有金属,例如黄金、铂和铜。据估计,该小行星的各种金属总价值可达一万兆美元。2023年10月13日,筹划已久的灵神星号探测器成功发射,预计它将于6年后在火星与木星之间的小行星带与灵神星汇合。此后将围绕它运行约26个月,拍摄照片、绘制地标地图并收集数据以确定其成分。2017年,NASA发布了"新一代空间探索技术伙伴关系2"项目的附录,征集有关利用太空资源的研究和技术开发方案。

日本宇宙航空研究开发机构(JAXA)2003年发射了小天体采矿飞船"隼鸟1号",飞船于2010年返回地球,首次将小行星物质带回地表。2018年,JAXA发射了"隼鸟2号"小行星探测器到达小行星"龙宫"(编号为1999JU3,日本将其命名为Ryugu,翻译成中文就是"龙宫")上进行物质开采。"隼鸟2号"探测器于2020年与回收舱分离后继续太空之旅,预计在2031年左右抵达编号为1998KY26的小行星进行不采样探测。日本还和美国联合开展小行星探测项目,通过对带回的物质进行科学研究,以期未来对太空矿藏进行大规模商业化开采和工业化利用。

起源太空是中国较早从事太空采矿的商业航天公司,具备成熟的空间望远镜、航天器研发能力,公司目标为突破地球资源局限,开采近地小行星稀有贵金属等矿产资源。起源太空计划通过"找矿—探矿—占矿—采矿—返回"五个阶段完成小天体矿产资源的采集利用,为未来人类在太空的活动提供最重要的物质资源。现阶段起源太空已经开始了"找矿"的征程。2019年9月12日,长征四号乙火箭携带"金牛座纳星"发射升空,"金牛座纳星"上搭载着该公司研发的以探测为目的的小型紫外光学望远镜。该紫外载荷是国内首台 3D 打印的超轻结构大视场紫外光学望远镜,主要目标是研究小天体成分特征,建立起源太空独有的太空资源数据库。起源太空计划在 2025 年完成小行星首次商业开采行为。目前该公司已成功发射了"金牛座纳星""龙虾眼 X 射线探测器""八一 03 星"等 3 颗卫星,并于 2021 年 4 月发射了全球第一个太空商业采矿机器人"起源太空 NEO - 01",同年 6 月发射了中国首个可见光空间天文望远镜——"仰望一号"。

三、 太空采矿的法律技术问题

随着运载技术的创新发展,低成本高可靠的运载系统一旦出现,太空采矿产业的发展前景将更加明朗,太空采矿可能成为人类社会发展迈向太空的支柱产业之一。当前,太空采矿主要面临法律和技术上的问题。

从法律层面看,目前美国和卢森堡是唯一一对太空采矿立法的国家。早在 2015 年 11 月,美国国会就单方面通过了《商业太空发射竞争法案》,赋予太空采矿以合法性,明晰了太空资源的私有财产权,承认美国公民个人有权拥有任何自行从天体行星开采的资源,允许美私人太空公司进行商业探索和开采地球以外的资源,尤其是在月球和小行星上的资源,该法案为太空采矿立法提供了国际借鉴。2020 年 4 月,时任美国总统特朗普签署了一项名为《为外空资源的开采和使用提供国际支持》的行政法令,强调"美国人应有权根据适当的法律对外空的资源进行商业研究、开采和使用。太空在法律上和物理上是人类活动的独特领域,美国不认为太空是公共区域。"即支持美国政府和私人进行民间商业化的太空资源开采与利用,不认为太空中的资源是人类的共同财产而是美国财富。该法令确立了美国开采、利用月球和小行星等太空资源的政策。无疑,美国为重返月球正积极作为,对太空进行"私有化"企图也越发明显。2020 年 5 月,NASA 与美国国务院、国家太空委员会共同制定了月球探索国际协议——"阿尔忒弥斯协定",从国际角度为开采太空资源扫清障碍,进一步推动加快美国太空资源开发的步伐。在 2015 年小行星所有权合法化之后,深空工业公司和行星资源公司两家太空采矿公司在投资者的支持下,正准备迎接一波淘金热。

卢森堡致力于将该国打造为未来欧洲太空资源商业开发的中心,是欧洲第一个出台法律体系来保障私人投资者可以拥有其在太空开采资源的国家。2016 年 2 月卢森堡颁布了《太空资源法案》,使得卢森堡成为继美国之后全球第二个为开发地球之外资源制定全面法律框架的国家。卢森堡的太空框架与美国的太空框架不同之处在于,后者的法律要求公司持有超过 50% 的美国背景股权,而卢森堡则没有这种限制。因此卢森堡吸引了在该领域最大的美国公司,其中包括深空工业公司和行星资源公司。根据卢森堡的《太空资源法案》开采的资源将归在卢森堡注册的私人公司所有,即谁开采物质就归谁。该法案为太空采矿投资打开了闸门。目前,太空产业占卢森堡本国 GDP 的 1.8% 左右,是欧盟国家中最高比例。目前全世界约有 20 多家小型采矿公司在卢森堡进行了注册,太空采矿商业市场发展迅速。卢森堡通过探索与利用外空资源法,赋予企业太空采矿权力的举措,使空间资源争夺进一步向更远的深空延伸。阿联酋甚至与卢森堡签署了一项协议,学习该国有关太空采矿的法律技巧。当然,尽管投资太空采矿吸引了大量资金,但是太空采矿行业也显露出模棱两可的法律缺陷。国际太空法案是否允许某个国家授权在太空中获得自然资源,目前尚不清楚。

从技术层面看,太空采矿从采矿到最后用矿,每个阶段都有对应的航天技术要求,因此太空采矿虽潜力巨大,但也面临严峻挑战。太空采矿既要有可对小行星地质材料进行分析的望远镜,又需要有能够捕捉、控制天体的能力。毫无疑问,这个行业的技术门槛非常高。太空采矿首先需要克服微重力下的低反作用力,保证设备能够在风化尘土上实现完全自主智能运行。另外,采矿过程中还要克服亚表层岩石的障碍,解决设备长期夜间工作与能源存储等问题以及地球与太空的通信联系问题。目前,技术研发还处在初级、试验阶段,已有一些公司与研究机构致力于小行星采矿空间信息技术的攻关,在太空导航定位与信息感知、太空采矿智能装备、太空资源勘探与采选、太空资源空间安全及太空资源综合利用等方面开展研究。

只有突破不同重力环境下的空间环境监测、太空资源利用途径、太空资源就地加工与原位利用、太空资源快速运输等一系列技术难题,太空采矿设想才可能实现。以月球采矿为例,即使发射成本按照 SpaceX 公司的 2 200 美元/千克计算,也因规模巨大而受到限制。在月球采矿还会面临许多环境问题,如月球尘埃和极端温差,对机械材料和生命支持系统的要求太高,为此美国官方采矿组织论证了在月球上采矿的真正可行性,包括能够在真空中使用的挖掘和破碎设备,设备的运输、维护和使用某些矿物化合物的可能性。行业的特殊性使得太空采矿不仅必须倚仗商业航天的技术力量,而且还需要在地质学、矿物学、采矿学、遥感学、机器人学等众多学科上做出巨大努力。2020 年 4 月 6 日,高盛集团发布一份关于小行星采矿的报告指出,人们对小行星采矿的心理障碍远远高于技术障碍和资金需求,随着技术进步和航天器制造成本逐步降低,太空采矿系统的成本可能还会更低,太空采矿有能力进一步扩张,并促进太空制造业的发展。美国科罗拉多矿业学院在 20 世纪 90 年代便已开始从事"太空资源及其就地利用"方面的理论研究,并于 2017 年付诸行动,开设新专业——太空采矿专业,为太空采矿培养和储备人才。现在科罗拉多大学博尔德分校的科学家正在研究利用细菌开采小行星金属矿藏的可行性。据悉,他们将在模拟的低重力环境下研究希瓦氏菌萃取月球、火星和小行星风化层模拟物中铁的效率。

四、 太空矿产资源的开发利用

太空资源开发与利用是目前大国博弈的新疆域,也是科技竞争的制高点,承载着未来人类文明可持续发展的希望,更是关乎我国未来发展的一个重大问题。随着新的太空竞赛的不断升级,许多科技公司都将目光瞄准了月球和地球邻近的小行星,并将火星视为维持人类未来生存的"希望之地"。太空矿藏可以满足人造通信卫星的需要,供需关系可能会催生矿藏开发、矿藏加工、卫星改造等在内的产业链,而且一旦有人获得丰厚回报,便将出现太空版淘金热。

太空资源的开发利用关乎地球与外太空星球的互动和平衡,国际社会鼓励外太空探索和科学勘测,但禁止领土主张行为。1967 年生效的《外层空间条约》和 1979 年联大通过的《月球协定》规定了各国探索和利用太空所应遵守的基本原则。条约和协定规定,任何国家不得对太空包括月球和其他天体提出主权主张,不得通过使用、占领或以任何其他方式据为己有;明确禁止任何国家和组织侵吞太阳系(非地球)自然资源。但条约和协定明显忽视了对资源所有权的关注,存在可以被利用的漏洞。

美国在企图推进月球"圈地运动"的过程中,除了要克服技术资金方面的困难,还要面对如《月球协定》这样的国际条约限制及来自国际社会的压力。美国在法律上单方面赋予本国公司开发、使用和出售月球、小行星和其他天体资源的权利,在太空资源问题上表现出的单边主义做法,给太空资源竞争造成极大的隐患,引发强烈争议。俄罗斯认为,美国赋予自己开采太空资源的权力,拒绝将月球和其他行星视为人类共同财产的行为与海盗无异。根据联合国关于所有权和许可定义,海牙国际法庭正在统筹考虑太空资源区块划分,联合国正在讨论通过划分区块来修订外空公约,以期使太空资源像国际水域一样,没有所有权,但是有安全区,互不干扰。

中国的太空采矿展望将经历 5 个阶段,目前处于初探阶段,拟利用 3～5 年,发射近地小卫星组,进行太空资源勘察、设计星表机器人;到 2025 年,有望开始开发制造必要设备;2030 年,有望建立太空采矿基地,发送采矿设备到目标小行星;2036 年,有望开展太空采矿探索性实验;2040 年,有望进行太空资源加工及原位利用;到 2070 年左右,太空采矿有望进入规模化,人类可以选择性消费。

目前,虽然太空采矿迎来了前所未有的发展机遇,我国航天事业也取得了一定的成绩,但是依然存在着空间资源统筹力度不够,法律法规建设滞后,国际话语主导权不强,支撑技术有待提升等制约发展的突出问题,组织管理和法律法规尚存短板,常态化顶层决策机制亟待完善,特别是在国外已有相对完善的太空采矿法案情况下,我国无论是商业航天还是太空采矿的发展仍落后一步。我们围绕太空采矿的研究才刚刚起步,下一步应结合空间信息科学、采矿科学的长期积累等,重点就太空资源探测、太空采矿智能机器人平台设计与制造、太空资源勘探与采选及太空采矿安全与资源原位利用开展深入研究。

未来,如何从技术和法律等方面入手,寻求国际卫星轨频资源的公平分配和合理利用,加强卫星轨频资源的规划管理和储备配置,跟踪太空资源开发动态和技术进展,推动本国太空科技创新,开展国际太空合作,提升国家综合实力开展太空探索等,成为我们面临的严峻挑战。

第十二章 太空科技产业安全

太空科技产业发展将会带来太空资产和太空能力的大发展,在维护太空安全及体现太空综合实力方面,发挥着关键的基础性支撑作用。太空科技产业安全是太空安全体系的重要组成部分,其中,太空科技安全的重点是保证核心科技成果、人员、产品、设施设备等安全可控,以及太空科技活动、应用等不受内外部因素干扰和危害等;太空产业安全的重点是确保太空产业健康、稳定、持续地发展,在国际竞争中保持独立的太空产业地位和竞争优势等。

第一节 太空科技产业安全的内涵

一、 太空科技安全的内涵

太空科技安全是指太空科技体系完整有效、太空重点领域核心技术安全可控、太空核心利益和安全不受外部科技优势危害,以及保障持续安全状态的能力。主要内容包括太空科技人才安全、太空科技研究安全、太空科技成果安全、太空科技新产品的安全、太空科技设施安全等方面,其中,太空科技安全的核心是太空科技成果,关键是太空科技成果的保密和享有,尤其是先进太空科技成果的享有。实践过程中,太空科技安全具有广义和狭义的划分。

(一) 狭义概念

狭义的太空科技安全立足于太空科学技术系统的安全性,可以表述为:太空科技安全表示太空科学技术发展的一种安全态势,体现了在国际太空科技发展大环境下,国家通过政治、军事、外交、经济、科技等手段,使太空科学技术系统既通过与国际环境的开放式作用和系统内部的协调运行达到功能优化,又保证该系统不招致来自内部和外部的威胁,并以此维护国家太空利益。

这个概念是将太空科学技术作为一个特定的系统,以该系统自身的安全状态来确定太空科技安全内涵。在这个意义上,考察太空科技安全状态应主要侧重于四点:一是国家太空科学技术实力的强弱;二是国家太空科技法规、政策完善程度;三是太空科技工作的运行机制是否有效;四是国家对太空科技系统的保护力度。

(二) 广义概念

从广义上讲,太空科技安全是在一定的社会环境条件下,特别是国际太空科技发展大环境中,以国家太空价值准则为依据,对太空科技系统与相关系统相互作用所决定的、国家太空安全态势的一种动态描述。

一个国家的太空科技安全态势体现了该国国家太空能力的四个方面:一是国家太空利益免受国外太空科技优势威胁和敌对势力、破坏势力以太空技术手段相威胁的能力,即技术手段是否足够先进,能够有效感知、探测、定位和消除各类威胁,确保本国太空利益不受影响;二是国家以太空科技手段维护国家太空安全的能力,主要表现为消除安全威胁,保持国家太空资产安全状态;三是国家在所面临的国际国内太空科技大环境中保障太空科学技术健康发展,以及依靠太空科学技术提高综合国力的能力;四是国家太空利益免受科技发展自身的负面影响的能力。

二、 太空产业安全的内涵

太空产业安全是指国家或地区的太空产业在其发展过程中受到来自国内外不利因素冲击时,具有足够的抵御和抗衡能力,保持太空产业持续生存和发展,始终保持本国资本对本国太空产业主体的控制的状态。如何在国际竞争中保持独立的太空产业地位和竞争优势,是太空产业安全需要考虑的问题。

(一) 太空产业

太空产业作为国家战略性高技术产业,代表着国家的经济、军事和科技水平,是国家综合国力、国防实力的重要标志。太空产业一般涉及航天器的研发、设计、制造、发射、运营和保障等,主要包括航天器设计、制造、发射服务、应用四个领域。

从具体业务领域来看:航天器设计包括航天器总体设计及航天器分系

统、部组件的设计;航天器制造涉及航天器总体制造及航天器分系统、部组件的制造;航天器发射服务包括发射航天器和运载火箭的测试发射和测量控制;航天器应用包括航天器运营和服务等领域的具体应用服务。

从产业结构来看,太空产业由航天器制造、航天器发射服务、航天器应用三大部分组成,它们自上至下,基于航天器系统和航天器技术,将各类信息产品与服务分发至各级用户,从而构成价值传递的产业链。航天器制造与发射服务构成产业链的上游;航天器应用则构成产业链的下游,由航天器地面设备制造与航天器运营和服务两部分组成。

(二) 产业安全

太空产业是维持太空安全的根基,如果太空产业出现安全问题,会直接影响航天产品的生产制造,其效果虽然不是即时显现,但也不容忽视。太空产业安全能力,是指从事航天领域研制、生产、保障等领域的工业企业,维持全产业链安全生产的能力。

在当前国际竞争激烈情况下,太空产业安全能力主要体现在全产业链安全能力和可持续盈利能力两个方面,前者是指航天工业生产上下游产业链完备性,这里的完备性不一定要求所有产业环节都是自主可控的,而是指利用国内国外双循环形成多种可靠的组合备用手段,能够保证产业链是完备安全的。可持续盈利能力则关系到工业生产的维持能力,如果不具备可持续盈利能力,航天工业生产巨额的资金和人力投入产出比太小,就会成为国家和社会的包袱,丧失持续发展的安全根基。

提升太空产业安全能力,需要不断发展航天产业化,促进航天工业可持续发展,打破现有垄断体制,不断完善市场化竞争机制,鼓励相关行业企业跨领域发展航天。通过市场化竞争降低航天活动成本,推动航天技术服务于社会和国民经济的各行各业。进一步放开准入门槛,深度发展军民融合,鼓励跨界企业进入航天领域,打造新型的航天业界形态,推动航天产业创新。加紧推进商业航天发展,从国家层面加强商业航天发展政策引导,健全完善市场准入等政策法规体系,既能节省国家投资,又能推动航天产业化发展,促进技术创新。合理界定不同所有制性质航天企业的定位和分工,加快明确商业航天活动的准入条件、实施制度,充分发挥市场在资源配置中的决定性作用,确保商业航天领域多种市场主体参与,公平公正开展竞争。

第二节　太空科技安全

太空科技安全是太空安全体系的重要组成部分,对太空安全乃至国家安全都具有极其重要的意义。太空科技安全既是科技创新的问题,也是国家整体实力的问题,同时还是一个动态发展的问题。

一、　太空科技安全的主要内容

太空科技安全主要体现在太空科技成果、人员、产品、设施、活动和应用安全等方面。

（一）太空科技成果安全

在太空安全领域,科技成果安全是指对太空安全具有重要价值的科学技术成果不被泄密、不被窃取、不被破坏、不受威胁。太空科技成果不被泄密,是指太空科技成果的研制者、所有者、占有者、知悉者等方面人员不故意或无意泄露需要在不同范围内保密的科技成果;不被窃取是指太空科技成果不被不该知悉此项成果的人员、组织、机构、国家,特别是不被与国家安全和利益具有对立或敌对关系的人员、组织和国家等,通过包括间谍情报手段在内的各种非法手段所获取和知悉;不被破坏,是指由于太空科技成果在安全和利益方面具有重要价值,一些国家、组织或个人可能会通过各种手段进行破坏。破坏的手段各种各样,包括网络攻击、篡改文件、物理攻击等。如对在轨卫星平台及其他航天器等太空科技成果而言,尽管在其发射入轨后硬件基本上固定不更换,但通常要进行软件的更新升级。在这种情况下,一方面,如果航天器在生产制造过程中被人为植入恶意软件或预留后门和漏洞,一旦这些恶意软件或预留后门和漏洞被激活,将可能造成卫星失效或损毁等难以估量的损失;另一方面,在卫星软件和数据更新时,如果上传的软件和数据被破坏,从而导致注入错误指令,轻则影响卫星的功能和任务完成,重则可能造成卫星失效或损毁。例如,如果卫星推进控制系统执行了恶意指令,则可能使卫星提前耗尽星载燃料,缩短卫星寿命;如果太阳能帆板指向错误的方向,会导致星载电源无法提供稳定的电力,使卫星失效;如果卫星的轨道保持系统被破坏,卫星则可能被操控执行恶意机动变轨动作,对其他目标实施轨道攻击,造成更严重的后果。目前来看,对卫星系统特别是卫星平台进行攻击的人员和组织主要包括:一是希望证明或炫耀其技能的个人黑客,这些人的主要目的不是窃取信息,也不是破坏系统,而是出于个人目的的尝试和炫耀,其危害性较小;二是希望壮大其事业的恐怖组织,这些人的目的性比较强,针对性也较强,但技术手段和资金有限,一般只能从事空间通信链路的攻击;三是以获取金钱为目的的有组织犯罪集团,这些组织有一定的技术实力和资金支持,可能从事信息贩卖和勒索犯罪活动,危害性较大;四是以国家为背景的黑客组织,既有深厚的技术积累,又有雄厚的财政支持,能针对卫星系统发起持续的全面的网络攻击,其目的是为国家利益服务,有可能长期潜伏,在需要的时候针对卫星系统发起致命攻击,给受害方造成巨大的损失。因此,太空科技成果的不被破坏是太空科技安全的一个重要方面。

另外,太空科技成果的不受威胁也是太空科技成果安全的内容,这是指太空科技成果不仅具有避免现实的被泄露、被窃取、被毁灭的状态,而且具有避免被泄露、被窃取、被毁灭的可能性。综上所述,太空科技成果安全是太空科技安全的核心,其中核心的核心是太空科技成果不被泄露、不被窃取。

(二)太空科技人员安全

太空科技成果是由科研人员的科研活动取得的,是与科研管理者密不可分的。要取得更多更大更先进的太空科研成果,就必须具有更多更强更优秀的科研人员和科研管理人员。这就在各国之间展开了越来越激烈的科技人才竞争,而且这种竞争还会随着智能化时代的到来向前发展,进一步激化。科技人员安全因而不仅直接地成为太空科技安全的重要内容,也直接地成为太空安全的重要内容。

科技人员安全既包括科技人员的人身安全、身份安全,也包括当前十分重要的科技人员的不外流。人身安全是科技人员安全的基本方面,是传统科技人员安全关注的重点内容。科研人员科研水平、能力、成就的不同,其人身安全的重要性也不尽相同。科研能力越强、水平越高、成就越突出,其人身安全就越重要。为了保护科研人员的人身安全,科研人员的身份安全也成为太空科技安全的内容之一。为了避免科研人员成为攻击目标,又方便其从事一些必要的活动,在某些时候某些情况下,要对核心科研人员的真实身份进行伪装和保密。同时,我们还应该看到,科技人员外流是威胁到整个太空科技安全的重大问题,太空科技的竞争从根本上讲是人才的竞争,如何保障科技人员特别是重要科技人员不外流或少外流,始终将是保障太空科技安全首先应该考虑的问题。

(三)太空科技产品安全

太空科技产品安全直接来说就是太空科技产品本身的安全,是指太空科技产品在一定情况下、一定范围内、一定期限里免于扩散、转让、被窃的客观状态,也就是科技产品的不被扩散、不被转让、不被窃取。

太空科技产品由于其在促进经济发展、提高军事力量等方面所具有的特殊功用和效力,对于国家安全和利益具有直接的重要性,因而在一定情况下、一定时期内、一定范围内必须使其不被具有一定程度利害冲突关系的国家、企业、个人所获得和运用,太空科技产品在这个层面上需要确保安全。如芯片是当今时代许多重要科技产品的核心,太空科技也不例外。曾担任美国前总统小布什顾问的玛格伦博士说,"在地缘政治上,新的太空竞赛在于提高计算机的计算能力。也就是说,谁能搜集到最多的数据,并以最快的速度处理这些数据,便具有技术上的优势。这便是为何中美双方,或者欧盟都在量子技术上大量投入的原因。而计算机,或者说处理数据速度极快的超级计算机,这些设备都需要芯片。"芯片之战,堪比太空技术大战。再比如,当前越来越多的国家和企业致力于实现通信和导航等功能的全球全时覆盖,低成本卫星发射技术也逐渐成型。如美国太空探索技术公司(SpaceX)已经开始的"星链"计划,使本来就已白热化的轨道争夺更加激烈。随着通信卫星数量的不断增加,卫星频率资源日益紧张。而北斗三号完成组网最重要的意义在于避免被美国在军事、高科技、外交上卡脖子,不再受制于人。

当前,确保太空科技产品安全,需要加大太空领域投入,建立先进、自主、健全的太空技术创新体系,夯实维护国家太空科技安全的基础支撑。其中,重点是建立健全技术攻关创新、需求导向创新和跨行业领域创新机制。在技术攻关创新方面,加快构建基础性技术创新的长效投资机制,加速实现创新驱动发展;在需求导向创新方面,发挥集中力量办大事优势,实施一批重大科学项目和重大专项牵引技术突破,解决长期卡脖子的先进火箭发动机、可重复使用运载器等技术难题;在跨领域跨专业创新方面,发挥智能化大数据应用优势,牵引直接间接探测手段创新,解决新需求下感知手段跨领域应用问题,实现行业与专业的融合创新,鼓励支持不同行业领域跨界开展太空技术创新。

(四)太空科技设施安全

太空科技设施安全是指开展太空科技活动所依托的设备、仪器、仪表、场所等的不被破坏、免于危险的状态。太空科技设施设备特别是稀少而关键设施设备的安全,是保证太空科技活动顺利开展的先决条件,太空科技设施的安全因而也是太空科技安全的基本方面之一。

当前和今后,我国太空科技设施设备仍将可能面临遭遇敌方主动攻击的情况。如针对我国卫星地面系统与指挥控制系统的破坏活动等。由于卫星地面系统的设施设备复杂而庞大,其安全风险与常规的地面网络系统类似,只是其涉及的面更广,环节更多,链条更长。对卫星地面系统的攻击方式有多种多样,包括网络钓鱼、社会工程、供应链预置、内部威胁等。特别值得一提的是,由于卫星系统属于高价值目标,敌对方也可能通过重点渗透参与卫星系统设计研制与运营管理的机构和人员的间接方式实施卫星地面系统危害。在这种情况下,防止对手通过军事、间谍等手段破坏太空科研设施,成为维护太空科技安全必不可少的组成部分。

同时,太空科技设施的安全不仅包括使科技设施避免被有意破坏,而且还包括防止科技设备在无意中受到损害。也就是说,太空科技设施安全还包括对科技设施的正确合理使用,以及防止意外事故的发生等。

(五)太空科技活动安全

太空科技活动安全是指太空科技成果的研究、试验和科技新产品的开发、研制活动免于外部和内部干扰而顺利进行的客观状态。太空科技安全在成果安全、产品安全、人员安全、设施安全之外,还包括科技人员与科技设施的动态结合中所形成的太空科技活动的安全。

危害太空科技活动安全的手段有各种各样,造成的结果也不尽相同,例如通过假情报、假信息,给战略决策者以误导,以妨碍其制订正确的太空科技政策和计划,或影响其太空科技政策和计划的顺利执行等。再如通过造谣、诬陷等手段损害科技人员的名誉,造成有关方面对科研人员政治立场、思想品质、科研能力等方面的怀疑,从而使优秀的科研人员被迫脱离科研工作的关键岗位,从而影响科研进程甚至导致某项科研计划的无法执行,还有在科研活动所在地周围制造社会动乱,干扰科技活动的顺利进行等,都会给太空科研活动的顺利进行造成不利影响,使某些科研成果不能如期取得甚至无法取得。

综上所述,太空科技安全工作包括针对影响太空科研活动的各种假情报、假信息及其他的干扰破坏活动而采取的各种必要措施,以避免各类危害太空科技活动的问题发生,保证太空科技活动的顺利进行。

(六)太空科技应用安全

太空科技安全不仅包括了太空科技自身的安全,还包括了太空科技本身的发展不对其他方面造成危害的问题。例如美国重启核热推进,意欲依靠安全高效的核推进系统打败对手,使美国在终极制高点上保持太空力量优势的行为。由于现有的火箭推进技术难以满足其重返月球和星际探索计划,实现其由地球到深空太空霸权战略的意图和需求,而核热推进可提供比传统化学系统高得多的推力和两倍的推进剂效率,将为进入太空提供新动力。但从核技术的太空应用层面看,核热推进技术安全不仅应包括该技术本身不受危害,还应包括核热推进技术的应用不对其他方面造成危害,但重要的是该技术的应用可能对环境、人身、人类社会等造成危害,需要给予高度关注。

二、 太空科技安全的重要性

(一)太空科技作用日益重要

太空科学技术对国家安全的重要作用并不仅仅表现在国防和间谍情报斗争上,而且更重要地还表现在促进经济的发展和综合国力的提高上。反之亦然,只有国家综合实力发展了,太空安全才能得到有效保障,国家越发展,太空也就越安全。太空科技发展作为提升国家综合实力的有力抓手,是国家拓展太空能力和掌握太空资源的前提,更是保障太空安全的基础、重要条件和手段。

(二)太空科技安全是太空安全的重要环节

太空科技安全是太空安全系统中的相对独立的重要方面,而且在整个太空安全体系中处于牵一发而动全身的关键地位。

由于太空科学技术对太空领域的发展方向、速度、水平等具有关键性作用,因而太空科技安全就不仅仅是贯穿于太空安全各个方面,而且进一步对整个太空安全及其各个方面都起着关键性作用。太空科技安全水平的高低,直接或间接地影响着太空安全各方面的安全度的高低。首先,太空科技安全是推动太空科技发展,保持先进科技的领先地位,在落后领域追赶先进的基本保障。其次,科学技术是第一生产力,太空科技安全程度高,太空科技发展保障程度就高,太空科技也就能够进一步充分发挥作用,促进国家太空能力的发展和进步;相反,太空科技安全程度低,太空科技发展就会受到影响,并影响到国家太空能力的发展和进步。这是太空科技安全对太空科技发展和国家太空能力的作用问题。

三、 保障太空科技安全

(一)保障太空科技安全是保障太空安全的重要内容

由于太空科技安全在整个太空安全中的地位十分突出,太空科技安全对太空整体能力的提高发挥着越来越重要的作用,所以当今各国都特别重视太空科技安全,千方百计维护其安全。

以美国为首的航天强国,一方面大力发展太空科技,在太空相关技术储备方面领先于其他国家;另一方面,美国又以国家安全为由限制航天技术的出口,采取了一系列技术封锁措施。国家间的太空科技竞争从未中断。对于大国来说,全球导航系统最重要的价值在于军事用途,若战时被强敌封锁使用其导航系统就等于不战而败,因此从国家安全角度看,必须拥有自己的全球导航系统。中国的北斗三号在经济及外交上亦起到重大作用。美国一直希望在经济方面重挫中国,尤其要扼杀中国高科技的发展,不择手段迫害中国高科技公司,如5G领头羊——华为。因此,今天太空科技安全已经成为太空安全的重要内容,保障太空科技安全也已经成为保障太空安全乃至国家安全的重要内容。

(二)采取有效措施,保障太空科技安全

要高度重视太空科技安全问题,采取有力措施切实维护国家的太空科技安全。

根据太空科技安全在太空安全中的地位和作用制定相应的太空科技安全战略。太空科学技术高速发展,给太空安全带来了巨大推动力和冲

击力,在不断冲击、挑战、破坏着旧有的太空安全态势、安全框架和安全力量对比的同时,又不断地改组、重塑和创造新的太空安全态势、安全框架和安全力量对比。在这种情况下,如果我们不能及时制定、调整和补充、完善国家太空科技安全战略,那么就很可能在新技术冲击下丧失维护太空安全的主动权。

提高太空安全意识,认识太空科技安全的重要性,自觉维护太空科技安全,树立起太空科技安全意识,认识到维护太空科技安全就是维护太空安全,就是维护国家利益,也就是维护每一个人的利益。

充分认识太空科技发展对于太空科技安全及整个国家安全的重要性,采取各种方法大力发展太空科学技术特别是前沿核心技术。只有大力发展自己的核心太空科学技术,才能最终保障自己太空科学技术的安全,才能更充分地运用科学技术手段维护太空安全。

第三节　太空产业安全

太空产业安全是太空安全的重要组成部分,是指太空产业在公平的经济贸易环境下平稳、全面、协调、健康、有序地发展,在受到来自国内外不利因素冲击时,具有足够的抵御和抗衡能力,保持良好的发展状态。太空产业安全包括两种含义:一是指在开放的经济体系中,一个国家或地区的太空产业如何在国际竞争中保持独立的产业地位和产业竞争优势;二是指太空产业在生产过程中的安全性,即安全生产的范畴。太空产业安全主要包括组织安全、结构安全和政策安全等。

一、太空产业组织安全

(一)太空产业组织安全的界定

太空产业组织主要包括太空产业市场结构、市场行为和市场绩效等。太空产业组织安全与否,对太空产业安全具有重要影响。可以从三个层面认识太空产业组织安全。首先,太空产业组织安全服从和服务于国家太空安全整体战略需要,有助于优化太空资源配置,有效抵御国内外经济侵袭及提升太空产业实力和国际竞争力。其次,太空产业组织安全是指太空产业持续增长,具有市场竞争优势和创新能力等有效竞争状态,可以影响企业活力和规模经济双重效率。最后,太空产业组织安全是指太空产业内部的组织结构井然有序,没有出现个别企业控制力过大而导致的过分集中和垄断。

(二)太空产业组织安全的影响因素

从经济学理论角度看,过度竞争和垄断都不是理想的市场结构,二者均是对资源最优配置的偏离。影响太空产业组织安全的因素主要包括市场集中度、行业规模的经济性及跨国公司竞争等。如以马斯克的 SpaceX 公司为代表的新型太空技术创新体系,采用物理第一性原理开创性地发展了可回收运载火箭、巨型互联网星座、基于钢结构的星舰飞船等产品,从而一举重塑了世界太空产业安全的战略大格局。该例子体现出了影响太空产业组织安全的市场集中度、行业规模的经济性及跨国公司竞争等多种因素的综合作用。

(三)太空产业组织安全的维护措施

一是培育有效竞争的太空产业市场环境。通过鼓励不同形式的竞争,优化市场结构。鼓励太空产业企业开展有序竞争,以及有条件地引入外资,在竞争中提高太空产业企业的产业竞争力。

二是实施核心企业战略,实施国内太空产业企业保护。持续做大和做强核心企业,扩大和增强国内太空产业企业品牌,实施技术封锁。

三是维护公正的市场竞争秩序。依据相应的法律法规,建立健全和规范太空产业管理运行,维护公正的市场竞争秩序。

二、 太空产业结构安全

(一)太空产业结构安全的界定

太空产业结构安全是指太空产业各部门处于相互适应、协调发展、持续增长的状态,同时,太空产业结构升级不依赖于外部因素,能够通过自身升级抵御国内外不利因素的冲击。太空产业结构安全直接关系到国家的长期竞争的实力和潜力。以卫星产业结构安全为例,卫星产业安全结合当前发展可分为卫星通信产业安全、卫星导航产业安全、卫星遥感产业安全。

卫星通信产业链具体组成如表 12-1 所列。从产业链构成的角度来看,卫星通信产业保持了与整个卫星产业基本一致的结构。自上而下依次由卫星制造、发射服务和卫星应用组成,但在细分产业行为主体上具有自身的特点。下游的卫星应用领域在全球范围内商业化发展已十分成熟,攫取了产业链的大部分收入。

卫星导航产业链组成如表 12-2 所列,主要包括卫星制造业、发射服务业和卫星导航应用产业。卫星导航应用产业主要包含地面设备制造业和运营服务业。

卫星遥感产业发展较早,最初应用于国防和公共服务等领域,此后在美国等航天强国的推动下,开始了商业化应用的进程,虽然相比卫星通信和卫星导航,产业规模较小,但近年来随着世界各国对遥感数据在国民经济、公共安全和资源可持续发展等应用领域的重视,也获得了较快的发展。这主要源于传统卫星遥感公司业务的持续增长,以及一些新兴公司凭借新近部署的卫星和并购其他公司的卫星获得的业务收入。卫星遥感产业链组成如表 12-3 所列。

表 12-1 卫星通信产业链组成

产业链环节		行为主体	主要作用
卫星制造业		卫星制造商	为卫星运营商提供通信卫星
发射服务业		发射服务商	为卫星运营商提供发射服务
卫星通信应用	地面设备制造业	地面设备制造商	面向卫星运营商和终端用户,提供地面支撑系统及应用业务系统
	卫星运营服务业	卫星运营商	以商业运营商为主,是通信卫星的所有者,负责提供通信卫星容量,处于产业链的核心位置
		服务提供商	依托卫星运营商提供通信卫星容量,为终端用户提供各类解决方案与增值服务

表 12-2 卫星导航产业链的基本组成

产业链环节		行为主体	主要作用
卫星制造业		卫星制造商	研制导航卫星及增强系统导航载荷
发射服务业		发射服务商	提供卫星/载荷发射服务
卫星导航应用	地面设备制造业	设备制造商	研制核心芯片;面向增值服务商和终端用户,提供接收机;接收机与车、船、飞机等各种载体集成
	运营服务业	增值服务商	面向设备集成商和终端用户,基于导航地图和软件提供导航服务

表 12－3　卫星遥感产业链组成

产业链环节		行为主体	主要作用
卫星制造业		卫星制造商	为卫星运营商提供遥感卫星及相关保障,建立天基系统
发射服务业		发射服务商	为卫星运营商提供发射服务
卫星遥感应用	地面设备制造业	地面设备制造商	为卫星运营商、分销商和增值服务商提供遥感应用技术、工具与解决方案,研发地面系统及应用系统
	卫星遥感运营服务业	卫星运营商	为分销商和增值服务商提供卫星遥感数据等初级产品,分为政府运营商和商业运营商,一般是遥感卫星的所有者,处于产业链的核心位置
		分销商	为卫星运营商或服务提供商提供代理服务,面向特定用户群体或区域市场销售卫星对地观测数据产品、应用产品与服务
		服务提供商	依托卫星运营商提供的初级产品,为终端用户提供各类解决方案与增值服务

通过对卫星产业结构合理调整和全面布局,促进了太空产业应用规模和应用深度的不断扩大和加深,不仅为通信导航、遥感等传统行业的生产方式和生产效率带来革命性提升,也推动了卫星产业自身规模的发展和壮大。

(二)太空产业结构安全的影响因素

太空产业结构的安全受到供给结构、需求结构、政策因素等的影响。资源供给结构与需求结构是太空产业结构自主成长的内在动力,优越的资源供给结构为太空产业可持续盈利能力奠定了基础,而合理的需求结构能够引导和牵动生产,带动产业结构优化和升级。

(三)太空产业结构安全的维护措施

从实践角度看,太空产业结构安全主要体现在全产业链安全能力和可持续盈利能力两个方面,提升太空产业安全能力,需要不断发展航天产业化,促进航天工业可持续发展。

一是克服体制性制约。就是打破垄断体制,不断完善市场化竞争机制,鼓励相关行业企业跨领域发展航天。通过市场化竞争降低航天活动成本,推动航天技术服务于社会和国民经济的各行各业。

二是克服技术制约。进一步放开准入门槛，深度发展军民融合，鼓励跨界企业进入航天领域，打造新型的航天业界形态，推动航天产业创新。

三是克服市场需求制约。加紧推进商业航天发展，从国家层面加强商业航天发展政策引导，健全完善市场准入等政策法规体系，既能节省国家投资，又能推动航天产业化发展，促进技术创新。

三、太空产业政策安全

（一）太空产业政策安全的界定

太空产业政策安全是指国家能够维持对太空产业发展决策的独立性、及时性和正确性，从而保证太空产业健康、稳定、持续地发展。太空产业政策的制定必须符合科学发展的需要，为实现太空产业全面、协调、可持续的发展提供导向。这主要包括三个方面的内容：一是国家对太空产业决策的完整性；二是国家对太空产业决策要及时、灵活，能够把握适当的时机和力度；三是保证对太空产业决策的正确性，能够克服信息不对称等诸多因素的干扰，避免失误。

（二）太空产业政策安全的影响因素

太空产业政策的安全主要取决于太空产业政策目标的正确性和利用政策手段的有效性，具体包括以下几个方面：

一是太空产业决策的完整性。在面对和处理太空产业发展的各种问题时，经验是否丰富、目标是否明确、措施是否得力、计划是否周详。

二是制定太空产业政策所需信息的及时性和充分性。对太空产业政策安全而言，信息的及时性和充分性十分重要，要千方百计防止决策滞后或失误等情况的发生。

三是太空产业政策决策机制的有效性。太空产业政策决策机制的有效性主要包括决策过程是否合理，传输渠道是否通畅，是否得到有效贯彻执行等方面的内容。

（三）太空产业政策安全的维护措施

着眼太空产业发展全局，必须高度重视太空产业安全问题，采取有力措施切实维护太空产业安全。

一是从战略高度上认识太空产业安全，制定和完善专门的太空产业安全战略,并把太空产业安全战略作为整个太空安全战略的一个重要组成部分来对待,使相关政策具有时代性、前瞻性和创造性。

二是充分认识太空产业安全对于太空安全的重要性,不能只是消极保安全,而是要大胆突破体制性和结构性矛盾,必须在搞好调查研究的基础上,善于研究新情况,解决新问题,总结新经验,保障太空产业安全。

三是学习借鉴国外在维护和保障太空产业安全方面的有益做法,如通过制定和执行一系列法规、协议等严密措施来保障权利等,以改善和提高太空产业安全工作。

第十三章　太空交通安全

太空交通安全是指在太空交通活动中,能将资产损失和人员伤害控制在可接受水平的状态。旨在确保太空物体从发射到处置的全生命周期不对太空环境产生有害干扰和破坏,防止发生太空碰撞事故和无意干扰事件,包括在短期内防止损害的活动及必须采取的措施,以减少对未来造成长期损害的潜在可能性。太空交通安全的核心是通过开展太空交通管理,将潜在的电磁干扰、物理碰撞、环境损害降到最低,确保太空交通秩序顺畅有序。太空交通系统作为动态的开放系统,其安全既受系统内部因素的制约,又受系统外部环境的干扰,并与人员、航天器及轨道环境等因素密切相关。

随着太空在政治、经济和军事上的重要性日益提升及太空应用的不断发展,世界各国的太空活动持续增加,太空交通安全问题日益严重,突出表现为:太空碎片增多,影响航天器进出太空和在轨运行;在轨航天器越来越多,相互干扰现象增多;卫星频率、轨道资源紧张,太空日益拥挤;太空武器化提高了太空交通监管的复杂性。太空交通安全问题的上述四个方面密切相关且相互交织,需要国际社会共同努力,加强协调与沟通,完善太空交通规则,提升太空交通监管能力,共同维护太空交通秩序。

第一节　太空交通安全的构成要素

为实现太空交通安全,太空行为体需要服从权威机构的统一监管,遵守公认的法律规范;太空交通权威机构依托一定的信息化手段,提供交通服务,对太空交通活动进行管理协调。因此,太空交通安全主要由太空行为体、太空交通规则、太空交通管理和太空交通信息系统四大要素构成。太空行为体是开展太空活动、实施太空管理的组织、政府或非政府实体等;太空交通规则是规范太空交通活动与秩序的监管要求、行为规范、奖惩措施、减缓标准要求等,包括相关国际条约、国内法规及国际组织框架下的有关指导原则、行为准则；太空交通管理是太空国际或国家权威机构统筹运用技术、法律等方法手段，对航天器的发射、在轨运行、再入等过程进行规划、监管和协调，对干扰和碰撞等应急事件进行监测、评估、预警和处置，确保太空环境的稳定与可持续性；太空交通信息系统是有效开展太空交通安全治理的专业化信息平台，主要为太空交通监管实体和活动实体提供信息支持、服务保障和策略支撑。

一、 太空行为体

太空行为体既包括组织管理国际太空事务的国际组织，也包括开展军民商各类太空活动的国家行政机构、企业、科研机构等政府与非政府实体。

（一）国际组织

国际组织是具有国际性行为特征的组织，一般是由国家之间或其他国际法主体依据缔结的规约建立的常设性机构，包括政府间国际组织和非政府间国际组织。政府间国际组织是国家作为主体成立的国际机构，主要包括联合国和平利用外层空间委员会、国际电信联盟、国际民用航空组织、机构间太空碎片协调委员会等有关国际组织；非政府间国际组织是以非官方协议设立的跨国界的民间组织机构，太空领域尚无此类组织机构。上述国际组织在各专业领域内对太空交通安全问题的解决发挥着至关重要的作用。

1. 联合国和平利用外层空间委员会（COPUOS）

该组织成立于 1958 年 12 月 23 日，简称"外空委员会"或"外空委"，是目前世界上成员最多、影响力最大的国际太空组织，也是国际太空立法的主要国际机构，在促成联合国五项外空条约中发挥了至关重要的作用。截至 2021 年底，外空委共有 95 个成员国，我国于 1980 年加入外空委，成为外空委的成员国之一。外空委下设法律小组委员会和科技小组委员会，法律小组委员会主要致力于解决各国太空活动中所面临的法律问题，包括外层空间与大气空间的划界、地球静止轨道的性质与利用、国家太空立法、5 个国际外空条约的适用、联合国大会有关外空决议的审查等；科技小组委员会则致力于解决卫星遥感、卫星导航、太空碎片减缓、核动力源使用、利用太空系统减灾等活动中面临的技术问题。外空委既是外层空间法规则的缔造者,也是外层空间法规则的完善者。

2. 国际电信联盟(ITU)

该组织是负责信息通信技术事务的联合国专门机构,拥有 193 个成员国和 900 多个部门成员及准部门成员,我国于 1920 年成为该组织的成员国。国际电信联盟的前身是 1865 年 5 月 17 日由法、德、俄、意等 20 多个欧洲国家成立的国际电报联盟,后来随着电话和无线电技术的发展与应用,其职权不断扩大,于 1934 年 1 月 1 日正式改名为国际电信联盟,简称"国际电联",1947 年 10 月 15 日成为联合国的一个专门机构。国际电信联盟通过无线电通信部门、电信标准化部门和电信发展部门三个部门履行其使命,其中无线电通信部门集中负责国际电信联盟的无线电通信工作,在无线电频谱和卫星轨道资源的管理方面发挥着至关重要的作用。ITU 自 1963 年召开首次太空通信特别无线行政大会为多种太空无线电业务划分频段以来,各国无线电主管部门在 ITU 框架下,通过多次世界无线电大会,制定了一系列的国际规则。ITU 法规主要由《国际电信联盟组织法》《国际电信联盟公约》《无线电规则》及大会决议、建议等组成,主要规范了有关太空轨道频率资源分配方面的一般性和特别法律问题。

3. 国际民用航空组织

该组织于 1944 年为促进全世界民用航空安全、有序的发展而成立,是联合国的一个专门机构。国际民用航空组织的主要工作是:制定国际航空和安全标准,收集、审查、发布航空情报,也作为法庭解决成员国之间与国际民航业务有关的任何争端,防止不合理竞争造成经济浪费、增进飞行安全等。在成员国的合作下,该组织已逐步建立气象服务、交通管制、通信、无线电信标台、组织搜索和营救等飞行安全所需设施模式。鉴于航空事业发展迅速,空中污染状况日渐严重,国际民用航空组织在防止空中污染、保障国际航空安全方面发挥着重要作用。1947 年 4 月 4 日起生效的《国际民用航空公约》又称"芝加哥公约",是解决有关国际民用航空在政治、经济、技术等方面问题的国际公约。该公约确认国家航空主权原则并规定缔约各国承认每一国家对其领土之上的大气空间具有完全排他的主权;该公约只适用于民用航空飞机。该公约指出,为及时处理因民用航空迅速发展而出现的技术、经济及法律问题,设立国际民用航空组织作为公约的常设机构。该公约规定了该机构的名称、目的,大会、理事会、航空委员会等的组成和职责,以及争议和违约等内容。该公约还规定,缔约国发生争议可提交理事会裁决,或向国际法庭上诉;对空运企业不遵守公约规定者,理事会可停止其飞行权;对违反规定的缔约国,可暂停其在大会、理事会的表决权。《国际民用航空公约》及其 19 个技术附件针对的是发生在大气空间的民用航空飞机的有关交通规则,其效力虽然不及于太空,但该公约的有关规定对太空交通管理发展具有一定的借鉴意义。值得注意的是,在有关国家的推动下,国际民用航空组织拟将管理职权延伸到太空,试图成为开展太空交通管理的国际权威机构。

4. 机构间太空碎片协调委员会(IADC)

该组织成立于 1993 年 10 月 26 日,是由美国航空航天管理局、欧空局、日本宇宙开发事业团和俄罗斯航天局联合发起成立的一个技术性国际组织,其主要目标是协调各国的太空碎片减缓政策及技术性法规,是迄今为止世界上唯一的专门从事太空碎片减缓国际协调工作的组织。目前,IADC 有 11 个成员组织,我国国家航天局于 1995 年 6 月加入该组织。2002 年,机构间太空碎片协调委员会在总结各国太空碎片减缓实践的基础上,发布了《太空碎片减缓指南》;2007 年联合国外空委在此基础上审议通过《外空委太空碎片减缓指南》,其内容包含限制正常运行航天器的碎片产生,避免在轨碰撞,禁止废旧航天器长期滞留在近地轨道(LEO)和地球静止轨道(GEO)等多方面内容。这些文件的性质虽然是建议性的,却是迄今为止关于太空碎片减缓领域的权威指南,体现了 21 世纪太空环境治理的发展趋势,并对各国有关减缓太空碎片的立法工作具有指导和借鉴意义。

从历史发展来看,国际组织协调和规制各国行动已经成为最有效的方式,国际社会必然会推动成立国际太空交通组织来共同维护太空交通安全。出于自身利益考虑,有的国家曾建议将国际民用航空组织的职能拓展到太空,实现航空航天一体化监管。由于太空具有非主权、资源排他性、公域性等与航空截然不同的特点,由国际航空组织实施太空交通监管职责显然难以实行。

5. 国际太空交通组织

借鉴比较成功的国际电信联盟、国际民用航空组织的做法,国际太空交通组织可以由国际太空交通全权代表大会、理事会、秘书处及部分相关部门组成。成员由成员国、相关国际组织、区域性组织、学术机构和私营公司组成。其中,各国政府作为成员国加入,私营部门实体作为部门成员或部门准成员加盟。一是国际太空交通全权代表大会是国际太空交通组织的最高权力机构,由全体成员国及部分相关组织组成。主要职能包括:选举理事会成员,审查理事会各项报告,提出未来若干年的工作计划,表决年度财政预算,授权理事会必要的权力以履行职责,并可随时撤回或改变这种权力,审议关于修改太空交通管理公约的提案,审议提交大会的其他提案,执行与国际组织签订的协议,处理其他事项等。二是理事会为向国际太空交通全权代表大会负责的常设管理机构,由代表大会选出的成员组成。主要职能包括:执行国际太空交通管理代表大会授予的职责,向国际太空交通管理代表大会报告本组织、各国及相关组织执行公约的情况,管理本组织财务,领导所属各机构工作,通过公约附件向各成员通报有关情况,对争端和违反太空交通管理公约的行为进行裁决等。三是秘书处为国际太空交通组织的常设行政机构。主要职能包括:管理太空物体登记册,管理太空运行和业务协调计划,协助决策机构,为仲裁机构提供服务,筹备太空交通管理公约、太空交通管理规则和太空交通管理技术标准的审查会议等。秘书处可以下设如下部门:发射许可部门,管理航天器登记,审查航天器的技术规格和运行参数,分配航天器轨道和无线电频率资源,确保所有航天器在进入轨道后都达到安全可靠运行的技术标准;数据中心与运行管理部门,接收、处理及分发太空信息数据,对信息数据进行联合评估,区分发射、运行和再入阶段,为用户提供运行管理及预警服务,最大限度保证太空交通安全;法律与仲裁部门,处理各成员及各组织之间的法律争端和仲裁,并提出进一步的政策建议,以促进实现太空交通安全、高效、公平和持续等目标。

(二)政府与非政府实体

政府与非政府实体是实施太空设计、发射、在轨运行、返回、回收等行为的核心行为体,主要包括与航天活动相关的政府机构、国家企业、商业公司与自然人等实体。以是否代表政府为划分标准,分为政府与非政府实体。政府实体包括具有管理职能的政府机构和不以营利为目的的国家企业,如美国 NASA,中国国家航天局、航天科技集团和航天科工集团及其下属企业等。非政府实体主要指以盈利为目的商业航天公司,如美国的 Space X 公司、中国的蓝箭航天公司等。

二、 太空交通规则

太空交通规则是维护太空交通安全的核心,由国际和国家两个层面的规则集组成。

(一) 国际太空交通规则

国际太空交通规则主要通过太空交通法律原则、太空交通管理规则和太空交通技术标准来对各国的太空交通活动进行管理约束。

1. 太空交通法律原则

太空交通法律原则为各国的太空交通活动提供一般法律指导和要求,其基础是当前的国际太空法体系。国际太空法体系规范人类的各类太空活动,是太空交通安全治理的基础性制度依据。《外空条约》确定了共同利益原则、依照国际法自由探索和利用原则、不得据为己有原则、和平利用原则、营救宇航员原则、外空物体登记原则、国家责任和赔偿原则、国际合作原则等基本原则。《营救协定》《责任公约》《登记公约》和《月球协定》四项国际公约分别就宇航员营救、太空物体损害赔偿、太空物体登记和月球探索利用建立了相应的制度机制,共同成为《外空条约》的补充与发展,为太空交通安全治理提供国际法律制度。

2. 太空交通管理公约

太空交通管理公约作为太空交通管理领域最高级别法律,应纳入国际太空法体系,规定一套完整的管理太空交通的原则,补充完善国际太空法中存在的缺陷。

公约应明确与太空交通管理相关的基本概念,例如,太空物体、太空活动、太空定义定界、太空武器及发射国等;公约应规定管理太空交通的原则,包括现有国际太空法适用原则、所有国家自由探索与和平使用太空原则、确保太空可持续性原则、杜绝有害干扰原则、太空合作利用原则、救援和归还原则等;公约应要求参与主体的责任划分,规范国家太空立法中应涉及的太空交通管理要素;公约应明确太空态势感知资源利用、太空交通协调等事项;公约应确定国际层面太空交通管理体系组成及职责;公约应规定太空交通争端解决的方法,等等。

3. 太空交通管理规则

太空交通管理规则是管理太空交通的程序性与技术约束性规定,是对太空交通法律原则的具体化,主要包括:航天发射许可规则、太空信息数据规则、太空活动安全规则、太空运输安全和责任规则、太空环境和资源规则等。航天发射许可规则由卫星和任务设计、航天器轨道和无线电频率、通知和登记、许可证等相关规则组成。太空信息数据规则由太空监视和跟踪、数据收集、数据处理、数据分发、联合风险评估等相关规则组成。太空活动安全规则由发射段、在轨运行段、再入段、在轨避碰、近地空间等相关规则组成。太空运输安全和责任规则由载人航天安全和赔偿责任、载物航天安全和赔偿责任、太空物体损害赔偿责任等相关规则组成。太空环境和资源规则由太空碎片减缓、太空碎片主动移除、地面和大气层环境、行星保护、核动力源、太空资源开发等相关规则组成。

4. 太空交通技术标准

太空交通技术标准是进一步规范太空交通管理规则的技术标准,实现太空系统的互操作性,确保太空交通的可持续发展。太空交通技术标准将涵盖与太空交通安全相关的所有领域,包括:航天器工程、太空数据系统与数据传输、载人航天安全和机组人员标准、空间站基础设施、地面设施、航天器处置(包括太空碎片减缓和太空碎片主动移除)、太空项目管理、质量保证、太空信息数据共享和服务等。

(二)国家太空交通规则

国家太空交通规则是根据国际太空交通规则,制定本国太空交通相关法规,以管理约束与本国相关的太空交通行为。虽然各国均未从太空交通管理的角度进行专门立法,但很多国家在以下几个方面对太空交通秩序进行了规范:

一是保证安全运行。各国在批准太空活动时,要求任何太空活动都要在保证生命健康及财产安全的前提下进行。二是进行在轨避免碰撞。各国立法中普遍要求发射相关方提供基本参数,为防止太空物体碰撞建立预案。三是提供太空活动信息。根据《登记公约》要求,大部分成员国都要求将部分太空活动信息进行公布,但因涉密等原因,各个国家的公布程度并不相同。四是保护太空环境。各个国家在进行发射许可时都要求发射方履行环境保护的基本义务。

综合各国立法实践和具体做法,国家太空交通规则应至少包括以下要素:太空活动授权的条件(包括技术、业务、环境和安全要求)、太空活动的登记和监督条件(包括通知要求)、太空活动保险的条件及发生损害时的赔偿条件等。

三、 太空交通管理

太空交通管理背后是国家利益和权利的斗争,使得不同的航天参与者站在各自不同的角度,提出符合自身利益的诠释,为此太空交通管理概念至今未形成共识。

国际宇航科学院在 2006 年发布的《太空交通管理研究报告》中提出,太空交通管理包括进入太空、在轨运行及再入过程中保障安全与不受干扰的各种技术和制度规定的总称。国际宇航科学院认为,太空交通管理的目的是通过一定的科学方法,进行可持续性的太空活动,以遵守 1967 年颁布的《外空条约》中规定的公平自由使用太空的要求。美国在 2018 年发布的《国家太空交通政策》中提出:太空交通管理是指为了提升在太空环境中行动的安全性、稳定性和可持续性,而对太空活动进行的规划、协调和管理在轨同步工作。美国提出的这个概念,将太空交通管理的目的延伸至太空行动的安全性、稳定性和可持续性上,范围进一步扩展至太空活动的更多业务领域。此外,全球还有众多组织和专家提出了各自的观点。2015 年国际电信联盟的伊冯·亨利(Ivan Henry)提出:太空交通管理提供了一种进入太空、在太空运行和返回的安全方法。美国航空航天公司的威廉·艾洛(William Aiello)提出:太空交通管理是确保长期在太空运行的有组织的过程。盖伦·皮特森(Galen Peterson)提出:太空交通管理是在轨避免碰撞流程,该流程可识别碰撞的概率级别并向客户传递太空信息数据。2017 年德国航天中心代表欧盟发布的《实施欧洲太空交通管理系统》报告中提出:为确保载人和无人轨道航天器在近地空间和航空领域的飞行安全,结合现有的欧洲空中交通管理系统和设施,执行必要的太空交通管理及监控安保工作。美国乔治·华盛顿大学的露丝·斯蒂尔威尔(Ruth Stilwell)提出:太空交通管理是由负责防止运行中的卫星与天然或人造物体之间发生碰撞的适当机构对轨道环境的控制。上述对太空交通管理的理解都有一定的局限性,如美国提出的概念未说明太空活动的类型,欧洲提出的概念更多关注的是亚轨道飞行的安全管理。

太空交通管理的概念伴随着太空活动的发展而不断变化,但其目标始终是一致的,即将潜在的电磁干扰、物理碰撞、环境损害降到最低,确保太空交通秩序顺畅有序。开展公平、高效、统一的太空交通管理既是一国有序提升航天能力的发展需要,更是国际社会共同维护太空公共安全的迫切需求。本书从国际与国家两个层面对太空交通管理的概念进行界定:太空交通管理是太空国际或国家相关机构统筹运用技术、法律等方法手段,对航天器的发射、在轨运行、再入等过程进行规划、监管和协调,对干扰和碰撞等应急事件进行监测、评估、预警和处置,确保太空环境的稳定与可持续性。太空交通管理既需要制定统一的国际安全准则,服从权威国际组织的统一管理,又需要国家层面的发展规划、管理控制和应急处置等相互配合协调。

四、 太空交通系统

太空交通系统采用信息化的手段监测太空中的各类航天器及太空碎片等的运行状态,通过太空安全管控等手段,进行太空物体管理并控制其分布。在此基础上,提供太空交通服务,保障各类用户的太空活动秩序,有效规避干扰并避免碰撞等各类危险,实现航天器的避障预警、交通监管等。

(一) 太空交通服务

太空交通服务旨在通过采用请求/响应、订购/发布或广播等方式为政府和商业太空中心提供数据、运行管理、风险评估、预测告警、冲突消解等服务,是维护太空交通秩序的重要保证。

1. 太空数据服务

该服务主要实现太空物体、天气和频率等资源信息的共享,主要包括航天器数据库、太空天气数据库、太空碎片数据库和太空射频信息数据库等。航天器数据库主要维护航天器运行相关特性的详细信息,比如拥有者、使用者、发射时间、轨道参数、机动时间、功能、机动能力、离轨时间等。太空天气数据库主要实现有关太空天气的信息服务;太空碎片数据库主要对自然的和人造的太空碎片信息进行管理和维护;太空射频信息数据库主要实现对空间通信频谱相关信息的管理和维护。

2. 太空运行风险评估服务

该服务主要为政府或商业用户提供航天器在轨运行阶段和发射、再入阶段的风险评估与咨询服务。对于发射阶段,可以确定待发射入轨航天器的可用轨道及具有最小碰撞或干扰概率的发射窗口。在航天器在轨运行阶段,能够对可能发生的碰撞进行空间交通管理协调,为受影响的用户推荐机动规划,避免紧急机动和可能产生的碰撞。对于再入阶段,能够支持航天器在减少太空碎片的基础上安全地进入相关的空域。

3. 太空预警服务

该服务主要对碰撞、干扰及太空天气等情况进行预测和告警,能够估计太空物体碰撞的概率、评估航天器损坏和受干扰的风险等级,能够将可能发生的碰撞、损坏或者干扰等信息推送给相关航天器的用户,并给出告警信息。

4. 太空冲突消解服务

该服务对可能引起太空冲突事件的风险进行预测,协调不同用户的活动并避免可能产生的冲突。具有评估航天器是否符合国际法规或者有关的条约的能力,进而解决不同政府或者商业用户之间可能产生在轨或计划入轨方面的冲突;评估相关投诉或者不遵守国际法规的政府或商业用户,为相关方提供航天器信息和专业领域方面的支持。

(二)太空交通安全技术

太空交通安全技术由维护太空交通安全的相关技术组成,是确保有效进行太空交通管理的重要条件,由太空探测与跟踪技术,太空信息数据收集、处理、分发技术,以及在轨避碰、太空碎片移除等技术组成。

1. 太空探测与跟踪技术

太空探测与跟踪技术是指通过雷达、望远镜等手段探测和预测绕地球轨道运动的太空物体的技术。太空探测主要采用光学和微波两种技术手段,比如美国的"太空篱笆"探测监测系统、陆基光电深空探测系统、导弹预警雷达网和太空监视系统共同构成从近地轨道到深空轨道的立体空间目标监视系统。该技术需要通过同步综合传感器信息来实时掌握太空物体和太空天气的信息,包括频率跟踪和干扰缓解。其中,传感器信息由传感器网络提供,传感器网络使用不同的传感器类型(光学、雷达、射频、激光)和传感器系统(基于地面和基于太空等)来搜索、发现、跟踪太空物体。

频率跟踪包括跟踪指定频率和干扰缓解措施。

2. 太空信息数据收集

太空信息数据收集是指通过可靠的信息网络、通用的数据协议,收集全球各个政府和商业太空中心及各太空监视和跟踪站点的数据。当前的太空信息数据收集活动主要以国家、组织、合作同盟、政府和商业航天控制中心为单元进行,信息数据来源有限。

3. 太空信息数据处理

太空信息数据处理是指处理收集的太空信息数据,最大限度减少数据元素重复性及数据元素转换需求,创建并维护太空信息数据库,使其保持符合准确、及时和可靠等要求。太空信息数据库主要包括四类数据库:一是卫星无线电频率数据库,迁移国际电信联盟卫星无线电频率数据库,维持和分配卫星无线电频率;二是航天器数据库,保存相关航天器运行特性的详细信息,如所有者、发射时间、轨道参数、机动能力、变轨情况和再入时间等;三是太空碎片数据库,跟踪并编目太空碎片;四是太空天气数据库,记录地球周围的太空环境条件改变情况,包括电磁场、各种辐射及粒子流的情况。

4. 太空信息数据分发

太空信息数据分发是指向用户发布太空信息数据库信息,包括信息广播、订阅分发和按需分发等模式。

5. 在轨避撞

在轨避撞是指政府、商业航天控制中心根据国际太空交通管理部门提出的在轨避免碰撞预警及其自身对数据的评估,决定是否执行及如何执行在轨避免碰撞行动。在轨避撞除了依赖太空交通管理部门提供的太空信息数据及预警服务外,还需要相关用户具备以下能力:一是航天器具备机动变轨能力,能够根据航天控制中心的指令及时调整运行轨道;二是数据分析研判能力,能够根据太空交通管理部门提供的太空信息数据及规避策略,再次分析研判碰撞概率及相关数据,决定是否实施在轨避免碰撞行动,如需要则选择或重新制定规避策略;三是航天器精准操控能力,能够按照规避策略精准实施,确保航天器运行稳定,到达预定轨道。

6. 太空碎片移除

太空碎片移除是指通过适当手段使近地轨道的太空碎片进入大气层

烧毁,改变地球静止轨道的太空碎片高度使其进入坟墓轨道,从而实现太空环境的清理,降低在轨航天器碰撞风险。太空碎片移除可采用捕获移除技术,包括鱼叉、飞网、拖拽帆、机械臂、离子束、触须捕获等方式,也可采用电动力绳系和激光推移离轨等方式。欧洲已经开展"太空碎片移除"演示验证任务,验证"渔网""鱼叉"等太空碎片捕获技术、在轨交会技术及卫星脱轨技术等。日本也积极参与太空碎片移除项目,拟采用与太空垃圾并排飞行的方式完成图像拍摄、数据收集,进而掌握太空垃圾的飞行方式,尝试用具有清除功能的其他卫星完成卫星垃圾的捕获。

第二节　太空交通安全的任务

太空交通安全的主要任务就是加强太空交通管理,确保太空系统稳定有序运行。从当前太空领域的发展和未来趋势来看,太空交通安全的任务主要涵盖对太空态势的感知预警、对有限太空资源的分配管理和对人类太空活动与太空行为的监管三个方面。

一、 对太空态势的感知预警

太空交通管理的基础和前提是实现太空态势的感知预警,既有对太空观测监视和风险评估的能力要求,也有加强信息分发、共享和通报的责任义务要求,更有应急处置、争端处理的策略管理要求。技术实力永远是规则博弈的坚强后盾,除美国的太空态势感知技术相对成熟外,中国、俄罗斯、欧洲等多数太空行为体尚不够完善,而且各国的太空态势感知信息由于涉及国家安全,难以全面共享,因而不能完全满足各行为体对太空的安全需求,导致各国重复性地开发各自独立的太空态势感知系统。美、俄都在联合国力推以本国太空监测设施为基础的联合监测平台,实质上都是为了推动国内太空管理机制取得国际合法地位,实现保护本国太空权益的最有利态势。

二、 对有限太空资源的分配管理

现有的资源分配管理主要集中在按照国际电信联盟的《无线电规则》进行轨道频率资源的分配,大部分轨频资源的分配一般是由主权国家发起申请,经过国际协调后确定是否拥有合法使用权。这种"先占先得"的分配方式实际上赋予太空技术先发展主权国家或国际组织拥有对轨频资源的优先使用权,按太空技术发展程度对主权国家进行分类管理,导致有限太空资源使用的不公平、不平等。国际上应当制定更加客观的、合理的、具体的资源分配制度,对轨频资源进行精细化管理,根据轨道的使用情况进行分区管理,确保每个国家都有平等使用的权利,防止利用技术优势进行恶意、无序竞争。比如,太阳同步轨道由于其轨道特性,是成像侦察、气象卫星、资源卫星争夺的宝贵资源。统计发现遥感类航天器占低轨航天器的 49%。将此类航天器按照轨道高度、升交点赤经及相位进行轨位划分是一种有效的轨道管理方式,未来发射的太阳同步轨道航天器必须放置在设计的轨位上。这样的管理规则可能会损害部分运营商的利益,但是对太空的可持续健康发展是有利的。

三、 对人类太空活动与太空行为的监管

航天器的研制、发射、运行、回收、再入等全寿命周期内的活动基本实现了国际监管和国家监管相统一,并以国家监管为主。虽然各国的监管标准、程序、要求等各不相同,但目的都是确保太空活动安全、最大程度管控风险,并对国际社会的透明度较高。各国在太空活动实践中,除了遵守现有的太空系列条约确定的原则和制度外,逐步在承担航天器发射通报、限制太空碎片的产生、回收或再入的减少风险等责任义务方面达成共识。对在轨运行太空物体的变轨、逼近、绕飞、清除碎片等行为由于涉及军事目的并可能产生极大的安全风险,各国都是按保密要求秘密开展,无法做到对国际社会的完全透明。

太空高风险行为的国际监管尚未达成共识,目前基本靠各国监管机构来管控安全风险。虽然国际社会在太空活动长期可持续性等议题中持续讨论有关自我约束的操作措施、交会评估、射前评估、风险事件信息分享、主动移除和故意摧毁程序与标准等准则,但限于各国不均衡的太空技术和能力,短期内国际社会难以达成有效的太空行为监管机制。

第三节　太空交通安全治理

太空交通安全治理主要依据国际和国内规则和标准,采取技术和法律手段实施,包括主要内容和方法。

一、治理的主要内容

(一)太空碎片治理

太空碎片是影响太空交通安全的重要因素,高速运行的太空碎片一旦与在轨运行的航天器相碰撞,往往会产生损害,甚至发生灾难性事故。2009 年美俄卫星相撞便是典型的失控航天器(大型太空碎片)与在轨航天器碰撞的事件,造成美国铱星完全失效,损失惨重。太空碎片治理是保障太空交通安全、维护太空可持续发展的重要内容,通过在航天器的全寿命周期内采取一定措施,减少太空碎片产生,降低对太空及地面的危害,抑制太空碎片增长,净化太空环境。太空碎片治理主要采用技术和法律两种措施手段。

1. 太空碎片治理的技术措施

太空碎片治理的技术措施一般包括被动预防和主动移除两种方式。其中,被动预防用于减少或避免太空碎片进入太空;主动移除用于处理已生成的太空碎片。

具体来讲,太空碎片治理的被动预防措施主要包括钝化、系留、垃圾轨道和重复使用航天器。钝化也称为消能,是指消除或断绝能使火箭末级或航天器在轨道上发生爆炸的能源。钝化的方式包括将工作完毕的运载火箭末级中的剩余推进剂和高压气体耗尽或排空;将末级或航天器内电池的电路永久性切断,从而消除一切可能引起爆炸的根源。系留是指将航天器在发射和工作中产生的抛弃物系留在航天器上。系留可以有效减少太空碎片的数量,同时,航天器的体积较大便于观测和脱轨处理。垃圾轨道是指在航天器工作寿命行将结束之前,利用剩余的推进剂将航天器推进到规定的、专用于“埋葬”寿终航天器的“坟墓轨道”,轨道高度一般设置在地球静止轨道(36 000 千米)以上 300~400 千米处。可重复使用航天器主要包括航天飞机和可重复使用飞船,通过重复使用航天器减少进入太空的碎片或垃圾。

主动移除措施主要包括脱轨、回收、收集和烧毁。脱轨是指将完成任务的运载器末级和航天器从原来的轨道上移开，其目的是减少运载末级和太空废旧航天器的滞留时间，防止对正常工作的航天器造成危害。回收是指利用有能力返回地面的航天器将轨道上的太空碎片带回地面，也可用于废弃航天器的回收。收集是指在太空释放一种大体积、高韧性的人造物体作为收集器，用来收集轨道上数量多、直径小的太空碎片。烧毁是指利用大功率地基激光器照射太空碎片，使其粉碎成微粒后从轨道上迅速衰落。

上述太空碎片治理的技术措施在技术难度、适用范围和经济因素等方面存在很大差异，具体分析情况见表 13－1 所列。根据对比分析，系留、回收、烧毁和收集等碎片减缓措施近期难以投入实际应用，且存在合法性的争议，在今后相当长的时期内，太空碎片治理仍以钝化、垃圾轨道和脱轨技术措施为主。

表 13－1　太空碎片治理技术措施比较

技术措施	技术难度	适用范围	经济因素	实现情况
钝化	燃料的排空技术	废旧卫星和火箭末级	经济适用，便于广泛采用	大部分航天国家已经实现
系留	高速条件下系留比较困难，存在碰撞风险	航天器自身碎片释放	设计成本较低	处于研究阶段
垃圾轨道	剩余燃料评估和远程控制问题	地球静止轨道航天器	燃料浪费，发射成本较高	少数航天国家已实现
重复使用航天器	新一代发动机研制和表面防护层设计	减少碎片释放和回收	维护成本巨大	美中俄已实现
脱轨	剩余燃料评估、再入风险和远程控制问题	低轨废旧航天器	燃料浪费，发射成本较高	少数国家已实现
回收	交会对接技术	低轨废旧航天器	成本高昂	美俄基本具有技术能力
收集	收集器空间展开和可控性研究	微小太空碎片	设计成本较低	处于试验阶段
烧毁	大功率激光器的研制	小型太空碎片	设计成本较低	处于研究阶段

2. 太空碎片治理的法律措施

太空碎片治理的法律措施包括国际法和国内法两个层面。国际法提供太空碎片治理的国际法规标准,主要由具有普适性的国际法基本原则、专用于太空领域的系列条约、原则和决议,以及当今国际太空新规则博弈中达成一定共识的准则、草案、措施等组成,通过规范太空碎片减缓要求和标准,为太空碎片治理提供国际规范依据。国内法提供太空碎片治理的国家法规标准,主要由国家法律、国家行政法规、国家行业标准等组成,为国家政府或非政府实体提出太空碎片减缓措施要求,指导本国太空碎片治理工作。

国际社会已充分认识到制定相关太空碎片减缓国际法规的重要性和紧迫性,于1993年成立了机构间太空碎片协调委员会(IADC),并通过制定相关法律来规范人类太空活动,保护人类共享的太空环境。比如,联合国大会通过的《外空条约》、IADC制定的《太空碎片减缓指南》、中国主导制定的国际标准《航天系统——运载火箭轨道级太空碎片减缓详细要求》等,均提出了太空碎片治理的相关规定,包括限制正常运行航天器的碎片产生,避免在轨碰撞和禁止废旧航天器长期滞留在近地轨道(LEO)和地球静止轨道(GEO)等多方面内容。很多国家也根据自己的实际情况制定了相关国内法规标准,如俄罗斯的《太空活动法》《太空碎片减缓标准》、美国的《缓解轨道碎片的标准》等,其目的均是规范本国的太空活动,减少太空碎片的产生。

(二)电磁干扰治理

电磁干扰能够破坏在轨航天器的天地、星间信息链路,影响航天器的地面控制、信息传输和在轨运行。电磁干扰治理旨在避免并消除在轨航天器的同频干扰和地面测控信号对在轨航天器的非主动频率干扰,确保航天器运行不受影响。太空轨道频率是全人类共同的战略稀缺资源,电磁干扰治理核心是要加强国际协调。

电磁干扰问题实质上是太空轨道频率资源的分配问题,依据国际电信联盟(ITU)《无线电规则》按程序获得的轨道频率使用权会得到国际的认可和保护,其他国家或用户不得对其产生有害干扰。根据ITU《无线电规则》,太空轨道频率分配方式主要有两种:一是协调方式,即通过申报与协调的手段合法地"先登先占"的抢占方式,对于非规划频段的卫星轨道频率分配,需经过申报、协调和通知三个阶段,以获得所需要的卫星轨道频率,并且能得到国际保护;二是规划方式,即通过规划的手段"平等"分配、规划卫星业务资源。

1. 轨道与频率的国际协调

太空轨道频率的国际协调方式,也称为后验的分配方式,主要用于 C 频段和 Ku 频段的轨道频率资源分配。该方式主要依据 ITU 的卫星网络或卫星资料的提前公布、协调、频率指配的通知和登记三段式协调程序,进行资源的分配。其实质上是一种"先登先占"或"先来先得"的分配方式,即只要按照《无线电规则》所规定的协调程序进行了协调,并最终在频率登记总表进行了频率指配的登记,该频率的使用权就得到了国际认可。这种三段式的卫星网络和系统申报程序是一种后验的分配方式,只要符合《无线电规则》的程序和条件,则可按"先登先占"的方式,获得国际承认的、对特定轨道与频率位置的使用权。登记在国际频率登记总表(简称 MIFR)内的任何轨道与频率位置的指配,享有国际承认的权利(《无线电规则》8.3 款)。也就是说,空间系统可以运营之时,对该指配的轨道与频率位置有法定的使用权。任何对取得国际保护地位的航天器产生电磁干扰都应当依法尽快消除有害干扰。

2. 轨道与频率的国际规划

太空轨道频率的国际规划方式,也称为先验的分配方式,主要用于正在兴起的 Ka 频段和卫星广播业务方面轨道频率资源的分配。该方式是在名义上将轨道与频率位置分配给若干国家,而不论其是否有实际需要或能力来利用这些轨道位置。这种先验式的规划方式是通过 1985 年和 1988 年举办的空间世界无线电通信行政大会确定的,每个 ITU 成员国均获得了名义上的地球静止轨道位置、800 MHz 的带宽,以及与每个国家地理边界大致对应的服务区域。根据 2003 年 WRC 大会第 2 号《关于各国以平等权利公平地使用空间无线电通信业务的地球静止卫星轨道和频段》的决议,即使某一国家对该轨频位置在无线电通信局进行了空间无线电通信业务的频率指配及其使用的登记,也不能为其提供任何永久性的优先权,也不应对其他国家建立空间系统造成障碍。若部署新的卫星系统需要利用某些轨频位置,则需要根据卫星业务的频率协调程序进行协调。

二、 治理的主要方法

太空交通安全与陆、海、空等传统领域的交通安全相比,具有三维空间的监测管理难、规则构建阻力大、战略利益统一难等难题。因此,应从三个方面加强太空交通安全的治理。

(一) 太空交通安全监管

由于太空中物体所处的外层空间环境及其自身速度极高,致使其存在许多技术方面的关键挑战问题。针对未来太空中存在大量航天器的情况,目前已有的太空监测系统的能力和准确性不足以满足需求,还不能实现全天时、全天候、多手段的太空全覆盖,无法为所有航天器提供轨道规避服务。在航天器机动方面,目前存在一定数量在轨运行卫星无法执行任何的轨道机动,也给太空交通安全带来了极大风险。应进一步加强太空交通安全的监管力度,创新监管方法和措施,切实为太空安全提供保障支撑。

(二) 太空交通法规制度制定

太空交通安全治理的核心就是如何构建起满足安全、有效、可持续太空活动的一整套交通规则,但目前对于此类规则的研究还刚刚起步,诸多核心问题有待深入研究。规则体系问题,即如何根据太空活动的特点规律,构建起太空交通规则体系,具体包括卫星设计规则、发射段安全规则、轨道分区规则、在轨运行段规则、在轨避碰规则、再入安全规则、争端解决规则、责任认定与赔偿规则、信息登记与公开规则等。太空交通规则如何与现行机制的协调配合问题,太空交通规则的建立还需要考虑与国际民用航空组织、国际电信联盟、机构间太空碎片协调委员会等的关系,如何让国际社会有关机制在新的太空交通安全框架下发挥作用。应根据太空交通安全的现实需要,加强法制体系顶层设计,通过不同层级的法律、法规、制度、规定和条约、协议、协定等法规制度和政策措施,为太空交通安全体系提供法律保障。

(三) 太空战略利益沟通协调

太空战略利益分歧成为开展太空交通安全治理的主要制约因素。利益至上导致矛盾分歧,各国在航天领域始终存在着强大的竞争意识,为了维护本国的太空利益而制定了各国的航天法律,这些航天法律在很多方面存在矛盾,对国际太空治理产生不利影响,联合国外空委不断协调各国航天法律的分歧,但收效甚微。太空治理单边主义盛行,美国政府颁发的太空交通管理政策大力鼓励商业太空产业与政府合作,开发数据共享系统,制定技术指南和安全标准,在国内应用的同时,向国际推广,确保美国在太空交通管理和太空碎片减缓等领域的领导地位。世界航天大国应加强协调沟通,站在为人类长远发展和长久和平的高度,积极引领和倡导各航天国家,增强沟通协调意识,建立多边沟通协作机制,切实遵守相关协议,共同创造安全的太空交通环境。

后　记

作者在撰写本书过程中得到了许多专家学者的关注和支持,在此表示衷心的感谢,感谢所有为编写本书作出贡献的领导、专家学者和研究人员!太空安全学作为一门涉及多学科的新兴交叉学科,旨在为太空安全提供全面、系统的理论和实践指导。随着人类探索太空的深入,太空安全问题变得越来越重要,太空安全所涉及的领域也在不断扩展,但太空安全理论研究落后于实践的发展,针对太空安全学的研究方法也在不断完善。本书按照太空安全构成要素进行研究和编写,试图从学理的角度加以阐释,未来也会按照领域方向进一步探索研究。

太空安全作为国家安全的新领域,也是太空发展的新方向,鉴于作者的研究视角和水平,本书还存在不足之处,敬请广大读者批评指正,作者将不断改进和完善。

编　者
2023 年 10 月

参考文献

[1] 毛泽东. 毛泽东选集（第一至五卷）[M]. 北京：人民出版社，1991.

[2] 中国人民解放军军事科学院. 中国人民解放军军语[S]. 北京：军事科学出版社，2011.

[3] 肖天亮. 战略学[M]. 北京：国防大学出版社，2020.

[4] 冯书兴，周新红. 美俄空间力量与空间武器[M]. 北京：国防工业出版社，2010.

[5] 冯书兴. 太空与安全[M]. 北京：中国宇航出版社，2018.

[6] 王勇平，冯书兴. 太空防卫作战[M]. 北京：军事科学出版社，2019.

[7] 刘跃进. 国家安全学[M]. 北京：中国政法大学出版社，2016.

[8] 张新华. 信息安全：威胁与战略[M]. 上海：上海人民出版社，2003.

[9] 夏立平. 美国太空战略与中美太空博弈[M]. 北京：世界知识出版社，2015.

[10] 郑东良. 装备保障概论[M]. 北京：北京航空航天大学出版社，2017.

[11] 李文良. 国家安全管理学[M]. 北京：国际关系学院出版社，2013.

[12] 何奇松. 太空安全问题研究[M]. 上海：复旦大学出版社，2014.

[13] 周三多. 管理学[M]. 五版. 北京：高等教育出版社，2018.

[14] 丰松江. 经略临近空间[M]. 上海：时代出版社，1995.

[15] 杨乐平. 太空安全指南[M]. 北京：宇航出版社，1991.

[16] 刘继贤. 军事管理学[M]. 北京：军事科学出版社，2009.

[17] 温晶. 新时期人力资源战略管理[M]. 南京：江苏凤凰美术出版社，2018.

[18] 孟鹰，余来文，陈明，等. 战略管理——理论、应用和中国案例[M]. 2版. 北京：经济管理出版社，2019.

[19] 徐江，吴穹. 安全管理学[M]. 北京：航空工业出版社，1993.

[20] 宝贡敏. 战略管理[M]. 北京：中国经济出版社，2013.

[21] 姚建明. 战略管理：新思维，新架构，新方法[M]. 北京：清华大学出

版社,2019

[22] 冯书兴. 我国空间力量发展与空间安全的思考[J]. 装备学院学报,
2012,23(5):5-9+127.

[23] 刘震鑫,张涛,郭丽红. 太空交通管理问题的认识与思考[J]. 北京航
空航天大学学报:社会科学版,2020,33(6):6.

[24] 刘言,赵伟程,彭春干. 太空交通管理的机遇与挑战[J]. 中国电子科
学研究院学报,2020,15(8):7.

[25] 陈凌云. 外空轨频资源的法律协调与战略拓展研究[C]//首届中国
航天高峰论坛暨中国宇航学会·中国空间法学会 2016 年学术年
会,2017.

[26] 程建军. 卫星轨道与频率资源的国际争夺[J]. 卫星与网络,2006
(10):8.

[27] 胡宇梅. 卫星通信系统与频谱/轨道资源[J]. 中国无线电,1995
(3):7.

[28] 蒋春芳. 卫星频率及轨道资源管理探究[J]. 中国无线电,2007(1):
26-29.

[29] 李建欣. 强化轨道与频率资源管理　促进卫星应用产业健康发展
[J]. 世界电信,2010(6):71-73.

[30] 裴斗生,陈道明. 卫星通信业务用无线电频率[J]. 微波与卫星通信,
1999,8(3):5.

[31] 徐能武. 太空安全外交努力的困境及其思考[J]. 外交评论:外交学院
学报,2007(3):5.

[32] 张虹. 国际交流与合作——我国无线电频谱管理走上国际舞台[J].
中国无线电,2010(8):30.

[33] 冯书兴,姚文多,陈凌云. 太空交通管理体系框架探讨[J]. 中国航
天,2021(9):38-43.

[34] 江海,刘静. 太空碎片与空间交通管理[J]. 太空碎片研究,2019,19
(1):39-44.

[35] 申麟,陈蓉,焉宁,等. 空间碎片主动移除技术研究综述[J]. 空间碎
片研究,2020,20(2):1-6.

[36] 陈凌云,樊宏图,陈亮. 空间碎片减缓措施研究[J]. 装备指挥技术学

院学报,2009,20(2):5.

[37] 杨毅强. 运载火箭的产业化之路[J]. 卫星与网络,2019(9):5.

[38] 苏世伟. 太空技术的战略定位、博弈逻辑与产业走势[J]. 人民论坛
    ·学术前沿,2020(16):13.

[39] 苟子奕. 美国太空核动力政策研究[J]. 国际太空,2021(4):5.

[40] 李明,宋婷婷,范全林. 美国更新未来30年新兴科技趋势报告 太
    空科技入选10大核心趋势[J]. 空间科学学报,2019,39(2):142.

[41] 符志民. 建设太空经济 发展太空产业[J]. 中国工业和信息化,
    2019,18(11):27-29.

[42] 郑新月. 卫星遥感数据保护法律问题研究[J]. 卫星应用,2021
    (6):5.

[43] 赵世军,董晓辉. 新时代我国科技安全风险的成因分析及应对策略
    [J]. 科学管理研究,2021,39(3):27-32.

[44] 孙智信,李自力,沈国际,等. 中国科技安全问题的历史考察[J]. 国
    防科技,2015(6):10.

[45] 杨君琳,方宇菲,王浚,等. 我国卫星导航产业政策现状与转型发展
    [J]. 中国工程科学,2021,23(2):8.

[46] 张帆. 卫星通信的发展现状及产业发展综述[J]. 网络安全技术与应
    用,2017(2):2.

[47] 何维达,梁智昊. 经济全球化背景下产业安全研究综述与展望[J].
    中国管理信息化,2012,15(15):39-43.

[48] 刘珺,王先峰. 新时期我国卫星产业面临的机遇与挑战[J]. 信息通
    信技术与政策,2021(10):5.

[49] 郭姣姣,杨风霞,姜彬,等. 产业链视角的世界航天发展情况分析
    [J]. 中国航天,2021(9):49-53.

[50] [加]拉姆·S.雅各布,[美]约瑟夫·N.佩尔顿,[加]亚乌·奥图·
    曼加塔·尼亚曼庞格.太空采矿及其监管规则[M]果琳丽,等,评.北
    京:北京理工大学出版社,2021.

[51] Schrogl K U,Hays P L,Robinson J,et al. Handbook of space secu-
    rity[M]. Springer Reference,2015.

[52] NASA. 2020 NASA Technology Taxonomy（2020 NASA 技术分类）

[EB/OL]. https://www. nasa. gov/sites/default/files/atoms/files/2020_
nasa_technology_taxonomy_lowres. pdf,2022-01-02.

[53] ESPI. Towards a European Approach to Space Traffic Management
[M]. Vienna • Austria: European Space Policy Institute(ESPI), 2020.

[54] Bleddyn E Bowen. War in Space:Strategy,Spacepower,Geopolitics
[M]. Edinburgh: Edinburgh University Press, 2020.

[55] Peter Garretson,Namrata Goswami. Scramble for the Skies:The
Great Power Competition to Control the Resources of Outer Space
[M]. Lanham: Lexington Books, 2020.

[56] Brent D Ziarnick. Developing National Power in Space:A Theoreti-
cal Model[M]. North Carolina: McFarland & Company, 2015.

[57] John J Klein. Understanding Space Strategy: The Art of War in
Space[M]. London & New York: Routledge Taylor & Francis
Group, 2019.

[58] Linda Dawson. War in Space:The Science and Technology Behind
Our Next Theater of Conflict[M]. London: Springer, 2018.